CorelDRAW X6 实训教程

CorelDRAW X6 SHIXUN JIAOCHENG

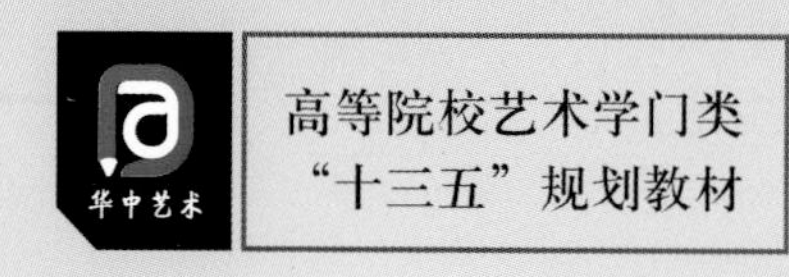

- 主　编　刘　佳
- 副主编　李　妍　曹世峰　宗　林
- 参　编　（排名不分先后）

杨梦姗　喻　荣　陈　静　黄　菁　李佳龙　何礼华　高德强
刘　希　刘　郸　刘　甜　吴　颖　李　刚　王　芳　江　樱
周小娟

A R T D E S I G N

华中科技大学出版社
http://www.hustp.com
中国 · 武汉

Ai

Ps

ID

内容简介

本书对 CorelDRAW X6 软件进行了详细的讲解，通过大量的操作技巧与具有代表性的实例，使读者能快速、直观地了解和掌握 CorelDRAW X6 的主要功能与操作技巧。

本书主要面向初、中级读者，是一本非常适合读者入门与提高的教材。本书对于软件的讲解从必备的基础操作开始，能使没有接触过 CorelDRAW X6 的读者无须参照其他图书即可轻松入门。

本书共分为 9 章：CorelDRAW X6 功能简介、图形的绘制与调整、颜色填充、对象的控制、交互式工具的应用、透镜效果与图形色调、位图的处理、文本工具的运用及 CorelDRAW X6 在海报设计中的应用。

本书采用“任务驱动、案例教学”的形式编写，且很多章后附有应用实例，详细介绍了中文版 CorelDRAW X6 的功能与应用，具有较强的实用性和指导性。

图书在版编目（CIP）数据

CorelDRAW X6 实训教程 / 刘佳主编. — 武汉：华中科技大学出版社, 2018.8

高等院校艺术学门类“十三五”规划教材

ISBN 978-7-5680-4357-1

Ⅰ.①C…　Ⅱ.①刘…　Ⅲ.①图形软件 – 高等学校 – 教材　Ⅳ.①TP391.413

中国版本图书馆 CIP 数据核字(2018)第 173541 号

CorelDRAW X6 实训教程
CorelDRAW X6 Shixun Jiaocheng　　刘　佳　主编

策划编辑：彭中军
责任编辑：史永霞
封面设计：优　优
责任监印：朱　玢
出版发行：华中科技大学出版社（中国·武汉）　电话：(027) 81321913
武汉市东湖新技术开发区华工科技园　邮编：430223
录　　排：华中科技大学惠友文印中心
印　　刷：武汉科源印刷设计有限公司
开　　本：880 mm × 1 230 mm　1/16
印　　张：10
字　　数：270 千字
版　　次：2018 年 8 月第 1 版第 1 次印刷
定　　价：55.00 元

本书若有印装质量问题，请向出版社营销中心调换
全国免费服务热线：400-6679-118　竭诚为您服务

前言

CorelDRAW X6 是 Corel 公司推出的图形图像绘制和处理软件，CorelDRAW X6 集设计、绘画、制作、编辑、合成、高品质输出、网页制作与发布等功能于一体，使创作的作品更具专业水准。

本书对 CorelDRAW X6 软件进行了详细的讲解，通过大量的操作技巧与具有代表性的实例，使读者能快速、直观地了解和掌握 CorelDRAW X6 的主要功能与操作技巧。

本书主要面向初、中级读者，是一本非常适合读者入门与提高的教材。本书对于软件的讲解从必备的基础操作开始，能使没有接触过 CorelDRAW X6 的读者无须参照其他图书即可轻松入门。

本书共分为 9 章：CorelDRAW X6 功能简介、图形的绘制与调整、颜色填充、对象的控制、交互式工具的应用、透镜效果与图形色调、位图的处理、文本工具的运用及 CorelDRAW X6 在海报设计中的应用。

本书采用“任务驱动、案例教学”的形式编写，且很多章后附有应用实例，详细介绍了中文版 CorelDRAW X6 的功能与应用，具有较强的实用性和指导性。

本书的编写特别感谢湖北工业大学工程技术学院艺术设计系师生的大力支持。由于通信地址不详或其他原因，部分案例的作者以及曾给予帮助的人士或单位没有提及，请多包涵。

由于编写时间仓促，编者水平有限，书中难免有错误和欠妥之处，恳请广大读者和相关专业人士批评指正。

武昌理工学院　刘佳

2018 年 3 月

目录

Contents

第 1 章 CorelDRAW X6 功能简介

◘ 学习目标

本章将对CorelDRAW的运行、基础操作及基本设置等进行介绍，通过本章的学习，用户可对CorelDRAW X6有一个初步的了解，为后面的学习奠定基础。

◘ 学习要点

◎CorelDRAW简介
◎CorelDRAW X6基础操作
◎绘图环境设置
◎设置页面辅助工具
◎图形网格与辅助线的应用

1.1 CorelDRAW简介

CorelDRAW是加拿大Corel公司出品的矢量图形制作工具，这个图形工具给设计师提供了矢量动画、页面设计、网站制作、位图编辑和网页动画等多种功能。

该图像软件是一套屡获殊荣的图形、图像编辑软件,它包含两个绘图应用程序:一个用于矢量图及页面设计，一个用于图像编辑。这套绘图软件组合带给用户强大的交互式工具，使用户可创作出多种富于动感的设计效果。CorelDRAW全方位的设计功能可以融合到用户现有的各类设计方案中，灵活性十足。

平时我们看到的杂志、电影海报、产品商标、插图描画等，有许多都是设计师使用CorelDRAW设计的。最新的版本CorelDRAW X6支持多核处理和64位系统，使得该软件拥有更多的功能和稳定高效的性能。

1.1.1 运行CorelDRAW X6

CorelDRAW X6安装汉化后，可以在“开始”菜单中执行“所有程序”中“CorelDRAW Graphics Suite X6”下的“CorelDRAW X6”程序。

1. 进入CorelDRAW X6

步骤1：启动计算机，进入Windows XP系统。

步骤2：单击“开始”菜单，在弹出的菜单（见图1-1）中选择“所有程序”。

步骤3：在“所有程序”下拉菜单中选择“CorelDRAW Graphics Suite X6”，然后再单击“CorelDRAW X6”，这样就进入了CorelDRAW X6工作页面。

第一次运行CorelDRAW X6时，会开启欢迎页面，如图1-2所示。

图 1-1 “开始”菜单

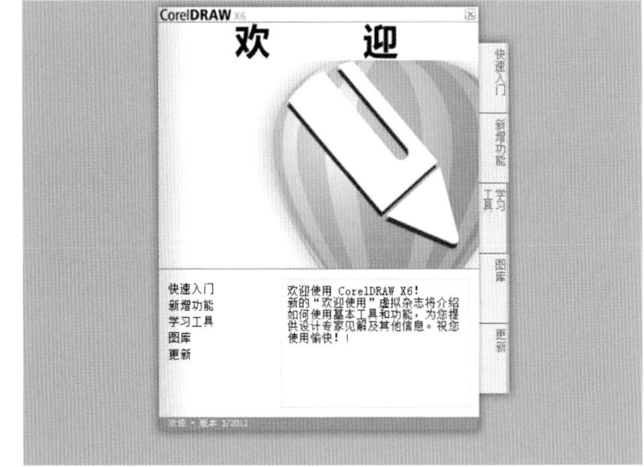

图 1-2 CorelDRAW X6 的欢迎页面

2. 欢迎页面的选项

(1)单击“快速入门”按钮，可以快速执行基本操作，如打开现有文档、从空白页启动新文档或从预先设计的布局启动新文档。

(2)单击“新增功能”按钮，可以查看CorelDRAW X6中的新增功能及说明。

(3)单击“学习工具”按钮，可以观看培训视频、分布教程、快速提示和设计专家见解。

(4)单击“图库”按钮，可以查看使用CorelDRAW Graphics Suite创建的富有创意的项目。

(5)单击“更新”按钮，可以接收有关产品更新、新教程和其他内容的消息。

单击欢迎页面中的选项时，会打开该选项包括的内容，在左下角要将该选项内容的页面设置为默认的欢迎页面时，则在该选项前面打“√”；要启动时始终显示欢迎页面，则也在前面打“√”；如果不希望欢迎页面出现，可以将“启动时始终显示欢迎页面”前面的“√”去掉。

每次启动CorelDRAW X6时，会显示漂亮的初始界面及版权信息，如图1-3所示。

图 1-3　CorelDRAW X6 初始界面

1.1.2　CorelDRAW X6的操作界面介绍

打开CorelDRAW X6后，单击“文件”菜单下的“新建”命令，可以看到图1-4所示的操作界面，CorelDRAW X6所有的绘图工作都是在这里完成的。熟悉CorelDRAW X6的操作界面，是学习CorelDRAW X6绘图制作等各项设计的基础。

图 1-4　CorelDRAW X6 操作界面

1. 菜单栏

CorelDRAW　X6的主要功能都可以通过执行菜单栏中的命令选项来完成，执行菜单命令是最基本的操作方式。CorelDRAW　X6的菜单栏包括“文件”“编辑”“视图”“布局”“排列”“效果”“位图”“文本”“表格”“工具”“窗口”和“帮助”等12个功能各异的菜单，如图1-5所示。

图 1-5 菜单命令

2. 常用标准工具栏

在常用标准工具栏上放置了较常用的一些功能选项并通过命令按钮的形式体现出来，这些功能选项大多数是从菜单中挑选出来的，如图1-6所示。

图 1-6 常用标准工具栏

3. 属性栏

属性栏提供在操作中选择对象和使用工具时的相关属性。通过对属性栏中相关属性的设置，可控制对象产生相应的变化。当没有选中任何对象时，系统默认的属性栏将会提供文档的一些版面布局信息，如图1-7所示。

图 1-7 属性栏

4. 工具箱

系统默认时工具箱位于工作区的左侧。在工具箱中放置了经常使用的编辑工具，并将功能近似的工具以展开的方式归类组合在一起，从而使操作更加灵活方便，如图1-8所示。

图 1-8 工具箱

5. 状态栏

状态栏显示当前工作状态的相关信息，如被选中对象的简要属性、工具使用状态提示及鼠标坐标位置等信息，如图1-9所示。

图 1-9 状态栏

6. 导航器

在导航器中间显示的是文件当前活动页面的页码和总页码，可以通过单击页面标签或箭头来选择需要的页面。导航器适用于多文档操作，如图1-10所示。

图 1-10 导航器

7. 工作区

工作区又称为“桌面”，是指绘图页面以外的区域。在绘图过程中，可以将绘图页面中的对象拖到工作区存放，类似于一个剪贴板，它可以存放不止一个图形，使用起来很方便。

8. 调色板

系统默认时调色板位于工作区的右侧，利用调色板可以快速选择轮廓色和填充色，如图1-11所示。

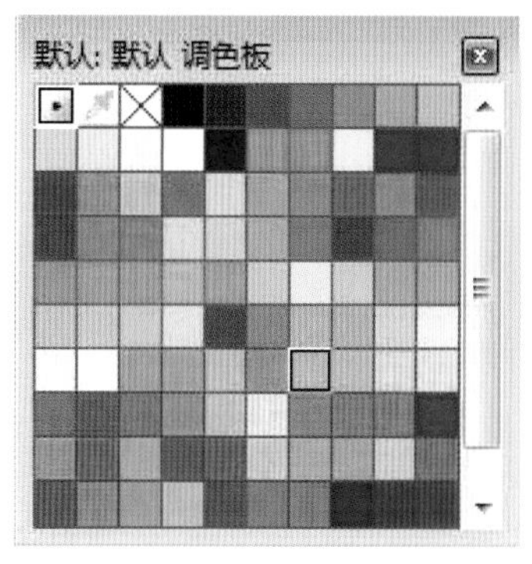

图 1-11　调色板

1.2 CorelDRAW X6的基础操作

要进入CorelDRAW X6的学习，首先要学习文件的基本操作。在设计、制作平面广告或商业作品时，都要先进行一些基础的操作或设置，而这些是初学者需要了解的。

绘图软件分为两大流派：矢量绘图软件和位图处理软件。位图处理和绘制软件以Adobe Photoshop为代表，另外Windows自带的画图工具也是基于点阵绘图方法来处理图形图像的，并且为人家所熟悉。

随着Windows图形界面的不断推广，矢量绘图软件得到了很大的发展，现在流行的矢量绘图软件有Illustrator、CorelDRAW X6和Freehand等。矢量绘图是一种面向对象的基于数学方法的绘图方式，当对图形图像进行任意的缩放处理时，图形图像能够维持原有的清晰度，颜色和外形将不会产生模糊和出现锯齿状。而基于点阵方式的位图是由一系列的像素点组成的，当对图像进行缩放时，不会再维持原来的清晰度，放大的倍数过大时就会出现马赛克。

1.2.1　自定义操作界面

在CorelDRAW X6中，自定义操作界面的方法很简单，只需要按“Alt”键移动或按“Ctrl+Alt”键复制，将菜单中的项目命令放到属性栏或别的菜单中的相应位置，就可以编辑工具条中的工具位置及数量，如图1-12所示。

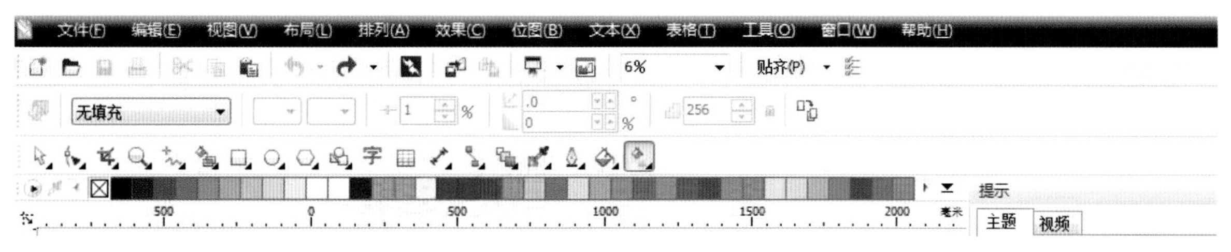

图 1-12　自定义操作界面

在CorelDRAW X6中，可以单击“工具”菜单中的“自定义”命令，在弹出的“选项”对话框中进行相关设置，如自定义命令栏、调色板及应用程序等，如图1-13所示。

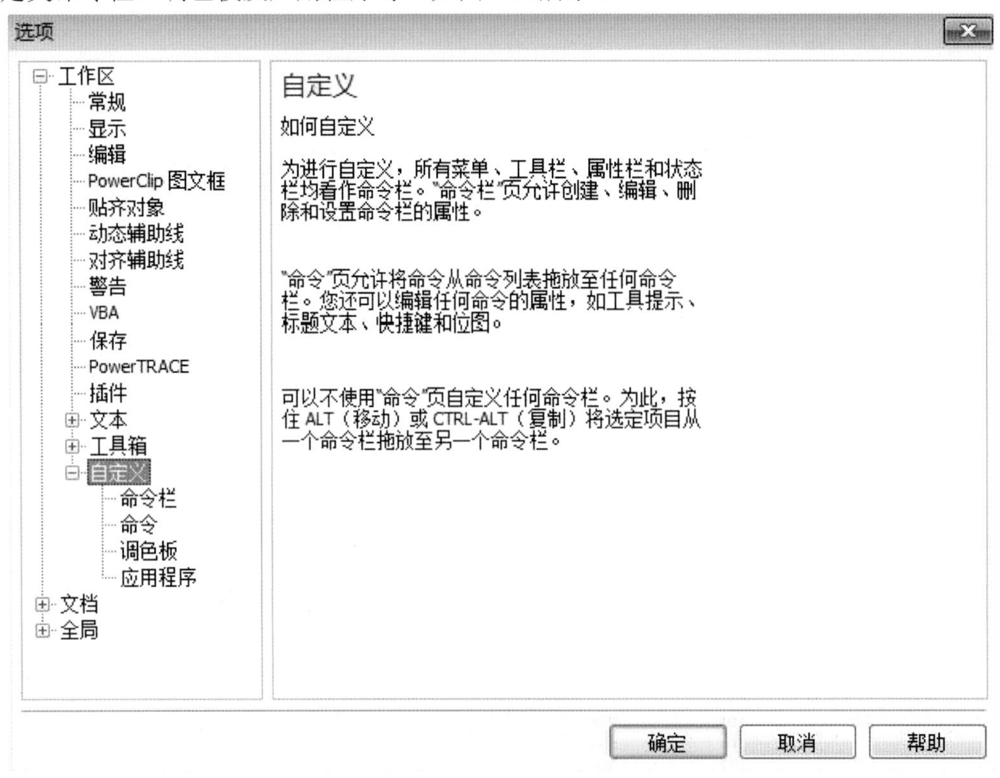

图 1-13 “选项”对话框（自定义）

1.2.2 版面设置

1. 页面类型

一般新建文件后，页面大小默认为A4，但实际应用中，要按照印刷的具体情况设置页面的大小及方向。这些都在属性栏中进行设置，如图1-14所示。

图 1-14 在属性栏中设置页面类型

2. 插入和删除页面

1）插入页面的两种方法

方法1：单击菜单栏中的“布局”→“插入页”命令，弹出“插入页面”对话框，在“插入”后面输入数值或利用“上”“下”按钮进行数值输入，如图1-15所示。

方法2：在导航器上单击 进行插页。

单击导航器上的 按钮可以切换到第1页，单击 按钮可以切换到最后一页。

2）删除页面的两种方法

方法1：删除页面可以单击菜单“布局”中的“删除页面”命令，在弹出的“删除页面”对话框中输入要删除的页面序号，如图1-16所示。

方法2：直接在页面标签上单击右键，从弹出的快捷菜单中选择“删除页面”命令。

图 1-15 “插入页面”对话框

图 1-16 “删除页面”对话框

在“删除页面”对话框中，选择“通到页面”复选项后，可删除从“删除页面”中选择的页面到“通到页面”间的所有页面。

1.3 绘图环境设置

一般在绘图的时候都采用系统默认的绘图模式进行绘图，但是在某些情况下，对于有特殊要求的绘图作品，需要在特定的工作环境下绘制，所以在绘图之前必须设置绘图环境。

1.3.1 设置视图模式

图 1-17 “视图” 菜单命令

在图形绘制过程中，为了快速浏览或工作，需要在编辑过程中以适当的方式查看效果。CorelDRAW X6充分满足了设计的要求，提供了多种图像显示方式。

在“视图”菜单中可以选择显示模式为“简单线框”“线框”“草稿”“正常”“增强”“像素”“模拟叠印”“光栅化复合效果”等模式，如图1-17所示。

同一幅图，在不同的视图模式下，视觉效果是不一样的。图1-18至图1-20所示为同一幅图在增强模式、简单线框模式、草稿模式下的三种视图效果。

图 1–18　增强模式

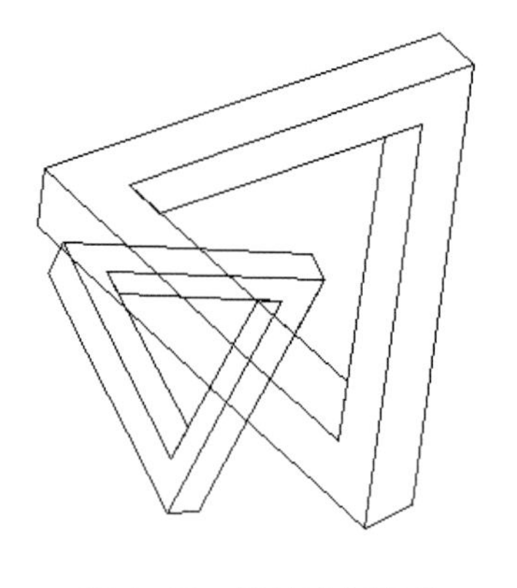

图 1–19　简单线框模式

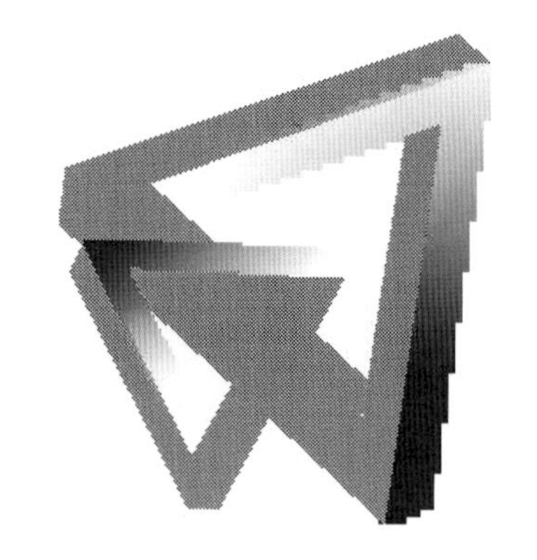

图 1–20　草稿模式

1.3.2　视图管理器

CorelDRAW X6的视图管理器提供了一组完整的调整视图工具，通过视图管理器可以十分方便地以需要的方式来查看图形。

步骤1：单击“窗口”→“泊坞窗”命令。

步骤2：在“泊坞窗”的下一级子菜单中选择“视图管理器”命令，如图1-21所示。

步骤3：打开“视图管理器”对话框，如图1-22所示，利用它可以查看视图。

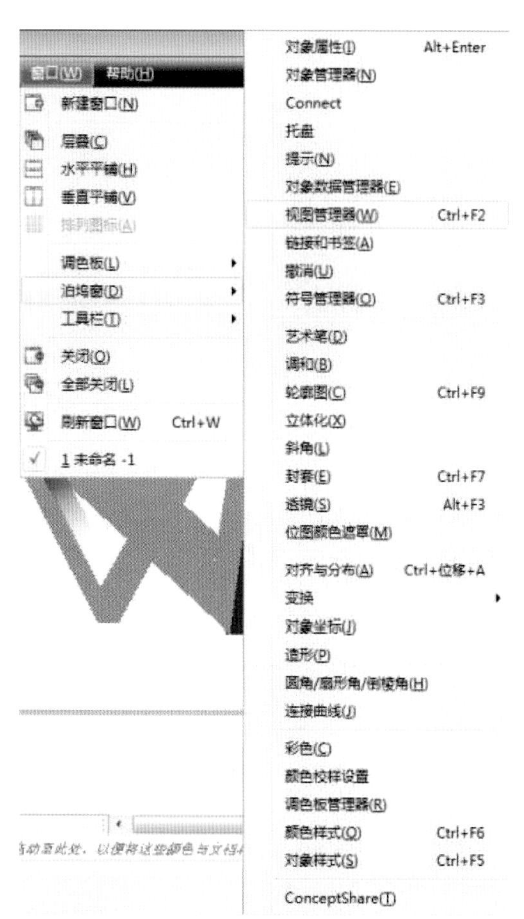

图 1–21　“泊坞窗”下一级子菜单

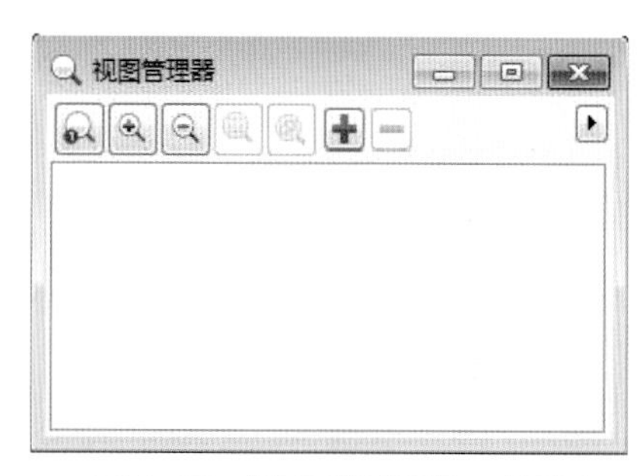

图 1–22　“视图管理器”对话框

1.3.3　设置页面大小

设置页面主要是设置页面的大小、方向、版面以达到设计的最佳视觉效果，或者是达到打印的要求。设置页面大小可以按下面的方法进行操作。

步骤1：单击“工具”→“选项”命令，弹出“选项”对话框。

步骤2：单击“文档”按钮，进入图1-23。

步骤3：展开“文档”项，选择“页面尺寸”项，如图1-24所示，可以设置页面的大小和方向、分辨率和出血。

图 1–23 “选项”对话框（文档）

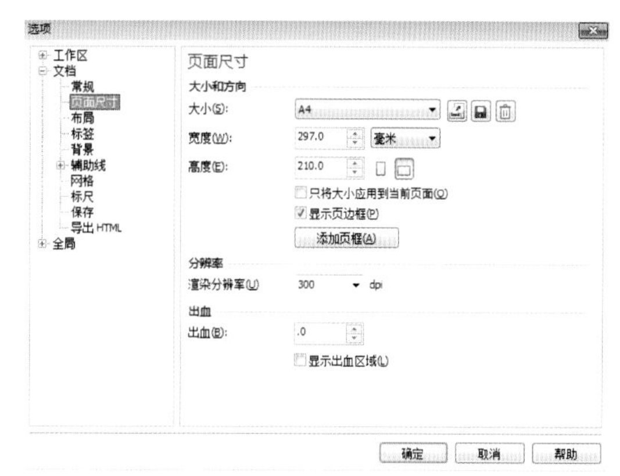

图 1–24 “选项”对话框（页面尺寸）

1.3.4 设置版面样式

设置版面样式可以按下面的方法进行操作。

步骤1：单击“工具”→“选项”命令，弹出“选项”对话框。

步骤2：单击“文档”按钮，进入下一层。

步骤3：选择“布局”选项，这时布局属性页面就出现了，如图1-25所示。

步骤4：在布局属性页面中选择布局样式，布局样式可以在预览区进行预览。

图 1–25 “选项”对话框（布局）

1.3.5 设置背景

图 1–26 “选项”对话框（背景）

设置背景可以按下面的方法进行操作。

步骤1：单击“工具”→“选项”命令，弹出“选项”对话框。

步骤2：单击“文档”按钮，进入下一层。

步骤3：选择“背景”项，这时背景属性页面就出现了，如图1-26所示。

进入背景属性页面之后，有三种选择方式：无背景、纯色、位图。选择“纯色”，在其下拉列表中选择一种颜色作为背景。

1.4 设置页面辅助工具

利用页面辅助工具，可以准确、方便地绘制和排列图形。一般在绘图之前要对页面辅助工具进行设置，主要设置标尺、网格、辅助线。

在“视图”菜单（见图1-27）里可以在相应选项前面打“√”，以显示标尺、网格和辅助线，将相应选项前面的“√”去掉，可隐藏标尺、网格和辅助线等辅助工具。

单击“工具”→“选项”命令，在弹出的“选项”对话框的“文档”项里对这些辅助工具进行详细设置，如图1-28所示。

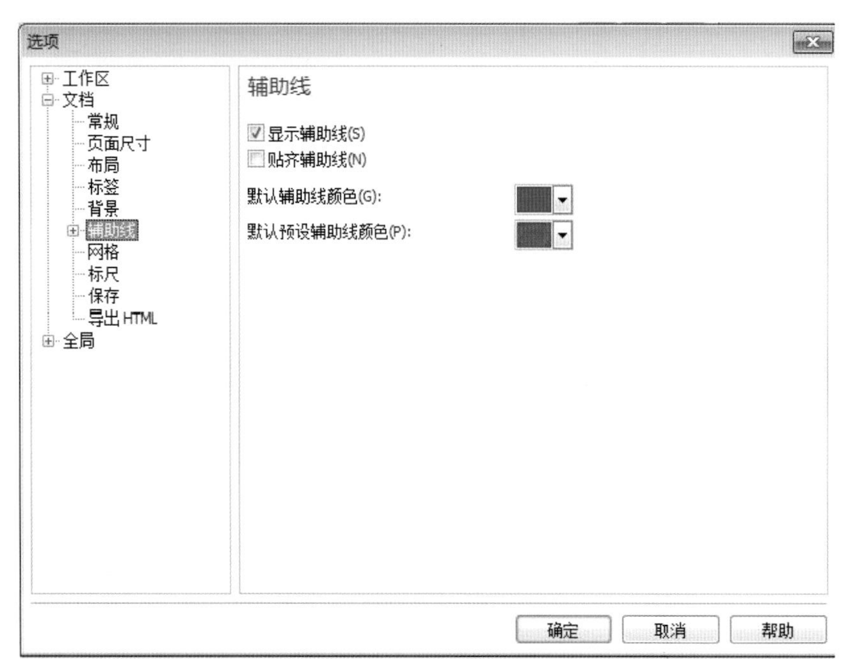

图 1-27 “视图”菜单命令

图 1-28 “选项”对话框（辅助线）

1.4.1 设置标尺

利用标尺可以精确地设置图形的大小、位置。按照下面的方法设置标尺。

步骤1：单击“工具”→“选项”命令，打开“选项”对话框。

步骤2：进入“辅助线”项，选择“标尺”项，如图2-29所示。

步骤3：在标尺属性页面中可设置微调、单位、原始和记号划分等。

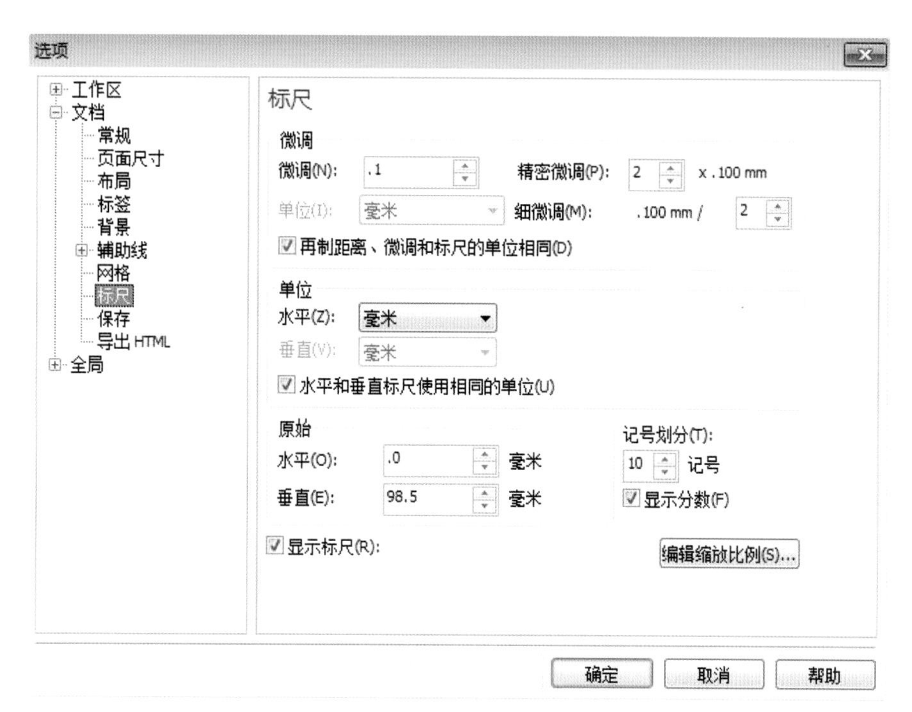

图 1–29 “选项”对话框（标尺）

1.4.2 设置网格

利用网格可以很容易地对齐对象。设置网格可以按照下面的方法进行操作。

步骤1：单击“工具”→“选项”命令，打开“选项”对话框。

步骤2：进入“辅助线”项，选择“网格”项，如图1-30所示。

步骤3：在网格属性页面中设置网格的属性，包括文档网格、基线网格和像素网格。

图 1–30 “选项”对话框（网格）

网格显示方式分为两种，即将网格显示为线和将网格显示为点，效果如图1-31和图1-32所示。

图 1-31　线状网格

图 1-32　点状网格

1.4.3　设置辅助线

辅助线可以帮助我们更加精确地定位对象，辅助线包括水平、垂直、倾斜等三种辅助线。设置辅助线可以按照下面的方法进行操作。

步骤1：单击水平或垂直标尺，拖动它到合适的位置，松开鼠标，线变成红色。

步骤2：选择别的对象之后，线变成蓝色，即设置成一条辅助线。

步骤3：要拖动辅助线，可以单击它，当鼠标变成双箭头的时候，拖动鼠标移动辅助线的位置。

步骤4：要创建一条倾斜的辅助线，可以先设置一条水平或垂直的辅助线，然后单击它，当出现旋转控制柄时，通过旋转控制柄来完成倾斜辅助线的绘制，如图1-33所示。

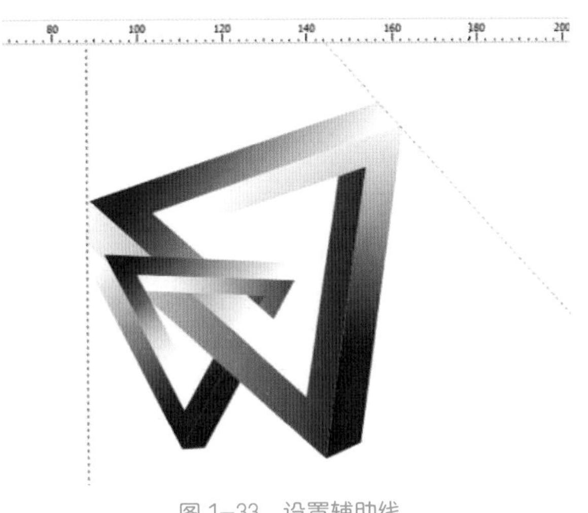

图 1-33　设置辅助线

1.5 网格与辅助线的应用

网格与辅助线是绘图过程中常常用到的辅助对齐工具，网格可以提供有规律的、等距的参考点或参考线，而辅助线则可以被任意调整到需要的位置，提供参考线。当挑选工具处于无选取状态时，在其属性栏“贴齐”下拉列表中有贴齐网格、贴齐基线网格、贴齐辅助线、贴齐对象和贴齐页面五项功能可供使用，如图1-34所示。

1. 贴齐网格

勾选“贴齐网格”后，当对象移近网格时，将自动贴近并与网格对齐。

单击“视图”→“网格”命令，即可在绘图页面中显示网格。

设置网格或标尺的尺寸大小，可以单击“视图”→“设置”→“网格和标尺设置”命令，在弹出的对话框中进行设置，如图1-35所示。

图 1-34 “贴齐”下拉列表　　图 1-35 网格设置

在网格属性页面中，在“基线网格”区域可设置网格线之间的距离。勾选“贴齐网格”后，移动选定的图形对象时，图形对象中的节点将向距离最近的网格线靠拢。

2. 贴齐辅助线

勾选“贴齐辅助线”后，当对象靠近辅助线时就会自动贴向辅助线。将鼠标移动到标尺中，向绘图页面中拖动时可看到一条虚线跟随，到达需要的位置时释放鼠标即可显示辅助线。当辅助线被选中时呈红色，再次单击后可以调整其倾斜角度。

在属性栏中选择“贴齐辅助线”后，移动选定的图形对象时，图形对象中的节点将向距离最近的辅助线及其交叉点靠拢对齐。

3. 贴齐对象

在CorelDRAW X6中使用贴齐对象的功能后，在移动对象时遇到其他对象，便会以该对象中的节点、节点间区域、中心点、边界框和文本基线等为参考点自动对齐该对象。

在属性栏中选择“贴齐对象”后，即可移动选定的图形对象使其与目标对象中的参考点自动对齐。

当使用绘图工具时，光标接近目标对象的节点，就会出现一个蓝色的小方框，表示已经对齐该点。对齐不同的点，会出现不同的提示符号。

设置贴齐对象时贴紧对象的程度，可以单击“视图”→“设置”→“贴齐对象设置”命令，在弹出的对话框中进行设置，如图1-36所示。

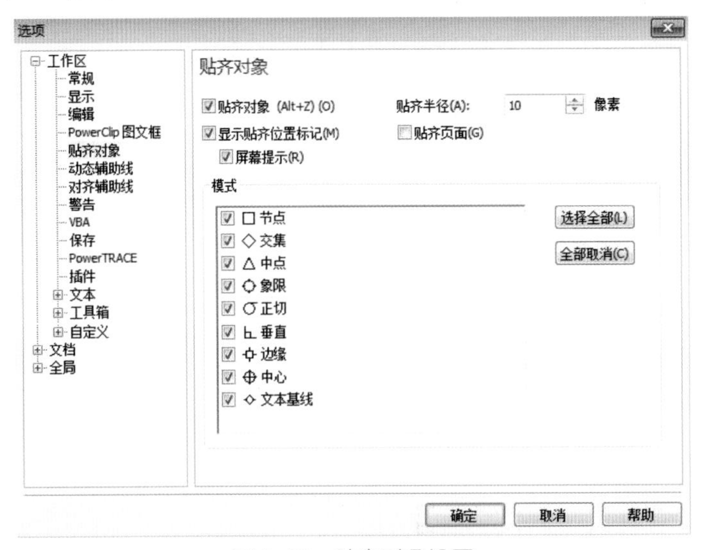

图 1-36　贴齐对象设置

在贴齐对象属性页面中，可以选择设置“贴齐半径”的大小，以确定贴齐对象时的贴紧程度，还可以在“模式”列选框中选择对齐不同点时所显示的提示符号。

4. 动态辅助线

动态辅助线是CorelDRAW X6中的一个辅助对齐功能。启用该功能后，可以显示动态的辅助线以帮助移动、排列和绘制对象。可以按下面的方法进行操作。

在“视图”菜单中勾选“动态辅助线”后，即可移动选定的图形或选定绘图工具绘制图形，显示的动态辅助线会与目标对象中的参考点自动对齐，如图1-37所示。

设置动态辅助线的相关属性，可以单击“视图”→“设置”→“动态辅助线设置”命令，在弹出的对话框中进行设置，如图1-38所示。

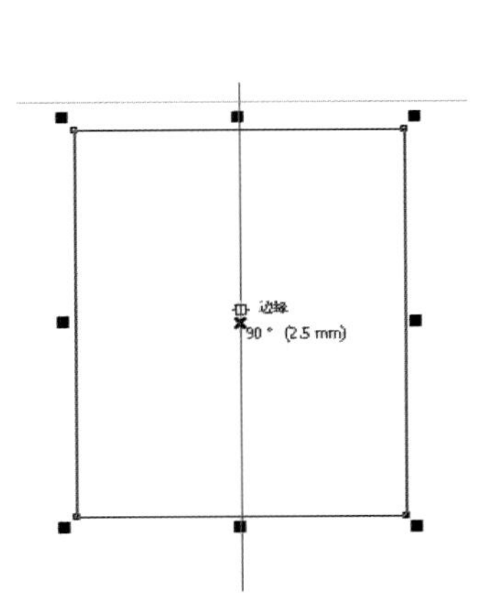

图 1-37　利用动态辅助线绘图

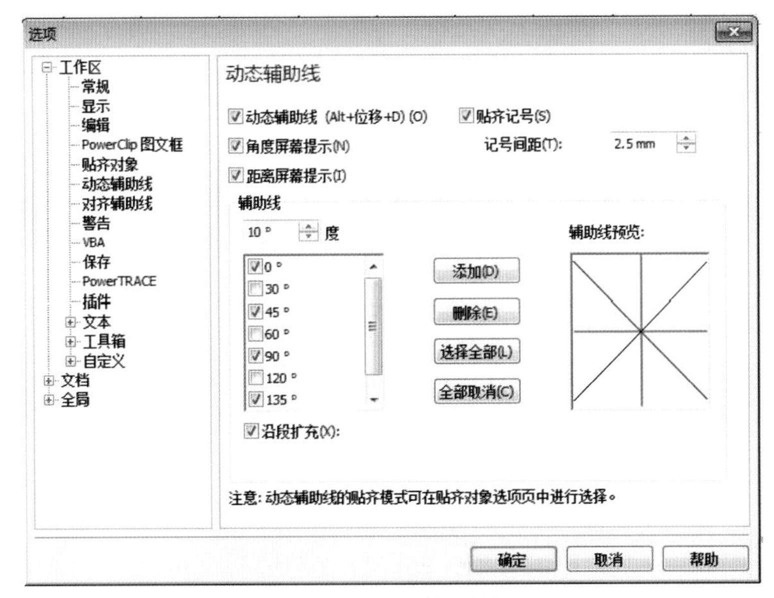

图 1-38　动态辅助线设置

第2章 图形的绘制与调整

◘ 学习目标

CorelDRAW X6是一个功能强大的图形处理软件，为用户创建各种图形对象提供了一整套的工具。本章主要讲解直线和曲线的绘制、一些基本形状的绘制、线条与圆形的编辑及轮廓线的设置。

◘ 学习要点

◎绘制直线与曲线
◎基本形状的绘制
◎线条与图形的编辑
◎轮廓线的设置

2.1 绘制直线与曲线

CorelDRAW X6提供了许多绘制线条的工具，如手绘工具、贝塞尔工具、艺术笔工具、钢笔工具、折线工具及3点曲线工具，使用这些工具可以绘制各种各样的线条，如直线、曲线及折线等。

2.1.1 手绘工具的应用

使用手绘工具不但可以绘制直线、连续的折线与曲线，还可以绘制封闭的图形。

1. 用手绘工具绘制曲线

在绘图区中，使用手绘工具绘制曲线的具体操作方法如下：

(1)在工具箱中单击“手绘工具”按钮 。

(2)移动鼠标指针至绘图区中，按住鼠标左键并随意拖动，沿拖动的路线将显示曲线的形状，松开鼠

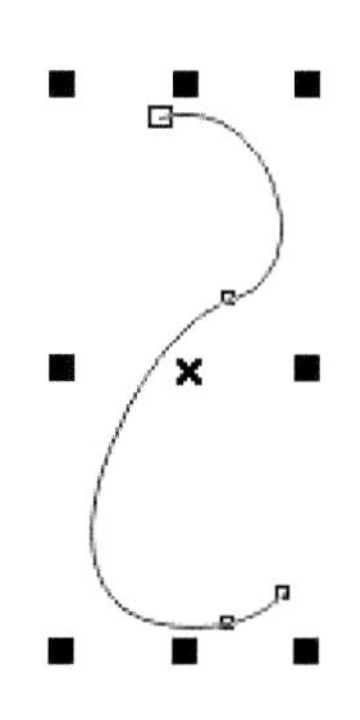

图2-1 使用手绘工具绘制的曲线

标即完成曲线的绘制，如图2-1所示。

2. 用手绘工具绘制直线

使用手绘工具绘制直线的方法很简单，只需要在工具箱中单击“手绘工具”按钮，将鼠标指针移至绘图区中，此时，指针显示为形状，单击鼠标左键确定直线的起点位置，然后移动鼠标至其他位置。移动鼠标时，可产生一条直线，再次单击鼠标确定直线的另一端点，即绘制出一条直线。

3. 用手绘工具绘制折线

使用手绘工具也可绘制折线，其具体的操作方法如下：

(1) 在工具箱中单击“手绘工具”按钮，将鼠标指针移至绘图区中，单击鼠标左键确定起点位置，移动鼠标至其他位置，双击鼠标左键，确定第二个节点。

(2) 拖动鼠标至其他位置并单击，即绘制出折线。

如果要在折线的基础上绘制封闭的图形，可使用手绘工具，将鼠标指针移至折线末端的节点，此时，鼠标指针显示为形状，在末端节点上单击，移动鼠标指针至起点处并单击，即可形成一个封闭的图形。

2.1.2 贝塞尔工具的应用

使用贝塞尔工具可以绘制平滑的曲线，也可绘制直线。可以通过确定节点和改变控制点的位置来控制曲线的弯曲程度。

1. 绘制曲线

使用贝塞尔工具绘制曲线的具体操作方法如下：

(1) 单击手绘工具组中的“贝塞尔工具”按钮，在绘图区中单击鼠标左键确定曲线的起点，拖动鼠标，此时将显示一条带有两个节点和控制点的蓝色虚线调节杆，然后再到任意一处单击并拖动鼠标，即可产生一条贝塞尔曲线，如图2-2所示。

(2) 如果对所绘曲线的形状不满意，可在绘图区的其他位置单击，以定义下一个点，并通过调节新显示的调节杆来使原有的曲线加长并变形，从而得到不同形状的曲线。

(3) 继续在其他位置单击，将出现一条连续的平滑曲线，如图2-3所示。

如果要绘制封闭图形，只需在曲线绘制完毕后单击该曲线的起始节点，即可将曲线的首尾连接起来，形成一个封闭图形。

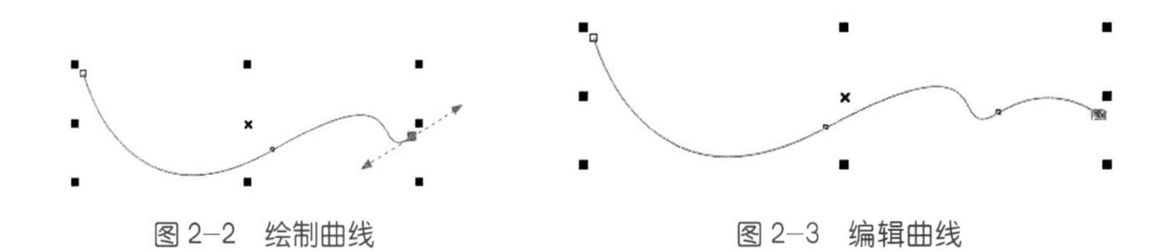

图 2-2 绘制曲线　　图 2-3 编辑曲线

2. 绘制直线与折线

使用贝塞尔工具绘制直线与使用手绘工具绘制直线的方法相似，单击工具箱中的“贝塞尔工具”按钮，将鼠标指针移至绘图区中，此时，指针变为形状，在绘图区中单击鼠标确定直线的起点，移动鼠标到满意位置后，再单击鼠标以确定直线的终点，即可绘制出直线。

绘制直线后只要再继续确定下一个节点，就可以绘制折线，如果想绘制出有多个折角的折线，只需继续确定节点即可。

2.1.3 艺术笔工具的应用

在CorelDRAW X6中使用艺术笔工具可以绘制出多种精美的线条和图形，模仿钢笔、画笔的真实效果。使用艺术笔工具绘制曲线的方法与使用手绘工具绘制曲线的方法相似，但使用艺术笔工具绘制的线条为封闭图形，可以对其进行填充。

单击工具箱中的“艺术笔工具”按钮，就会显示其属性栏，如图2-4所示。

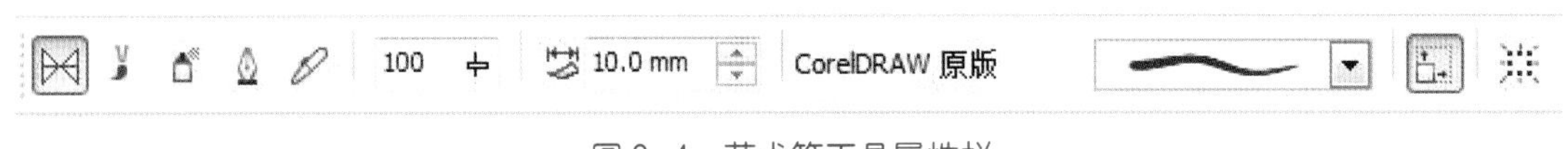

图 2-4 艺术笔工具属性栏

艺术笔工具属性栏中显示了5种艺术笔工具，包括预设、笔刷、喷罐、书法、压力。使用这些工具可以绘制出各种别具特色的艺术图形。

在手绘平滑输入框 100 中输入数值，可以设置所绘制图形的平滑度。

在艺术笔工具宽度微调框 10.0 mm 中输入数值，或调节右侧的三角按钮，可以改变绘制图形的宽度。

单击预设笔触下拉列表框，可从弹出的下拉列表中选择任意一种预设的笔刷样式。

1. 预设模式

预设模式提供了多种线条类型，通过属性栏的设置可以改变线条的宽度。

单击工具箱中的“艺术笔工具”按钮，在其属性栏中单击“预设”按钮，在属性栏中单击预设笔触下拉列表框，弹出其下拉列表，如图2-5所示，从中选择所需的线条类型，将鼠标指针移至绘图区中，当鼠标指针变为形状时，按住鼠标左键并拖动，释放鼠标后即可绘制出所需的艺术笔触图形，如图2-6所示。

从图2-6中可以看到，所绘的曲线是一条封闭式的曲线，可以为其填充任何颜色，也可通过调整属性栏中的各项参数，来改变所绘艺术笔触图形的宽度、样式及平滑度。

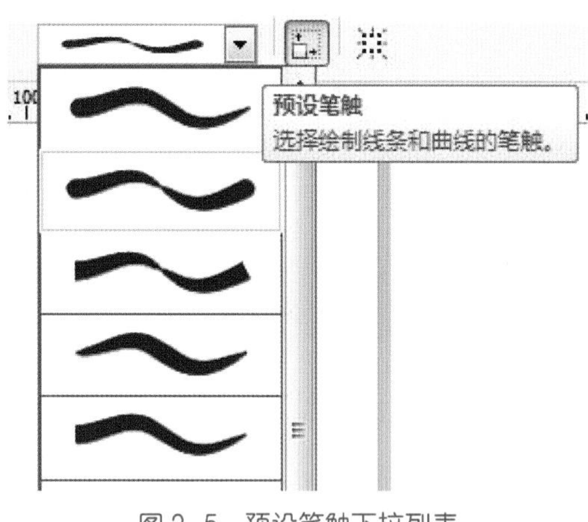

图 2-5　预设笔触下拉列表

图 2-6　绘制预设线条

2. 笔刷模式

在艺术笔工具属性栏中单击“笔刷”按钮 ，可显示出画笔的属性栏，如图2-7所示。

图 2-7　笔刷工具属性栏

在笔刷笔触 下拉列表（见图2-8）中选择一种笔刷类型，然后在绘图区中按住鼠标左键并拖动，即可绘制出所需的图形，如图2-9所示。

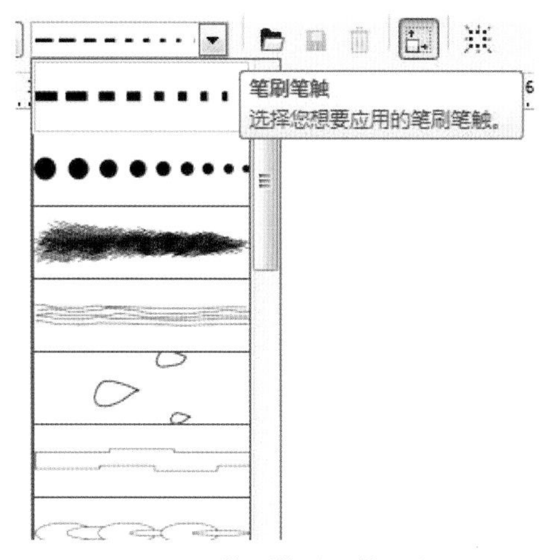

图 2-8　笔刷笔触下拉列表

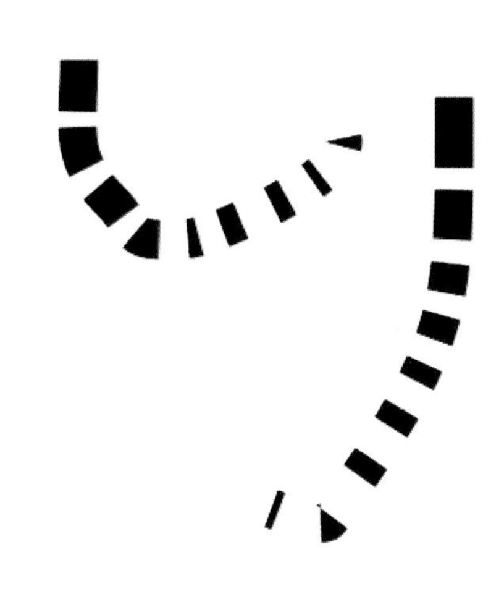

图 2-9　使用笔刷绘制的线条

也可以使用其他绘图工具先在绘制区中绘制出相应的图形，然后在笔刷笔触下拉列表中选择一种图形，则所选笔触将自动适配所绘制的路径。

如果对使用笔刷工具 绘制出的图形比较满意，可以在选中所绘图形后，单击属性栏中的“保存艺术笔触”按钮 ，将其保存在笔刷笔触下拉列表中，便于以后使用。

如果要删除笔刷笔触下拉列表中的图形，只需要选中该图形，单击属性栏中的“删除”按钮即可。

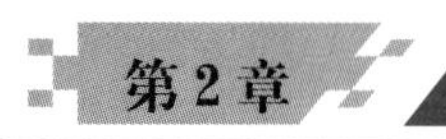

3. 喷罐模式

单击艺术笔工具属性栏中的“喷罐”按钮，可显示其属性栏，如图2-10所示。

图2-10 喷罐工具属性栏

在属性栏中单击下拉列表框，可从弹出的下拉列表中选择一种喷涂类型，将鼠标指针移至绘图区中，按住鼠标左键并拖动，即可绘制所选的图形。

在属性栏中的下拉列表中选择一种喷涂类型，单击属性栏中的“喷涂列表对话框”按钮，弹出图2-11所示的“创建播放列表”对话框。在此对话框中的喷涂列表中显示着所选喷涂类型的组成元素，在播放列表中显示着所使用的喷涂组成元素，可以根据需要对喷涂类型的组成元素进行删除或添加。

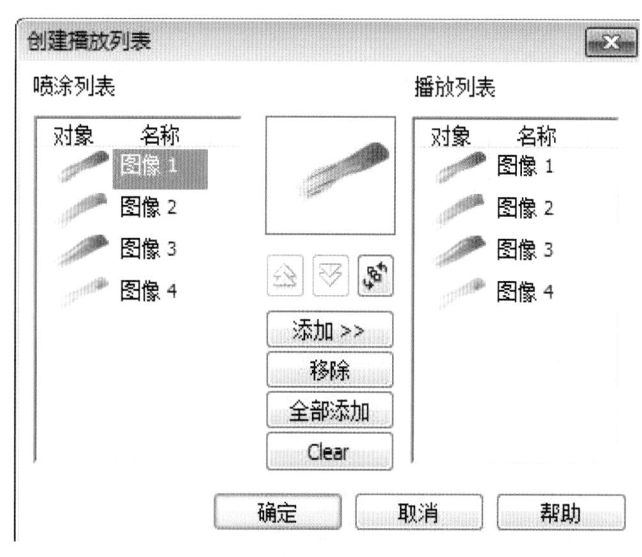

图2-11 “创建播放列表”对话框

在喷罐工具属性栏中单击顺序下拉列表框，可从弹出的下拉列表中选择所绘制图形的喷涂顺序。

在喷罐工具属性栏中的微调框中输入数值，可对所绘制的笔触图形进行稀疏程度的调整。

如果要对所绘制的喷涂图形进行旋转，可单击喷罐工具属性栏中的“旋转”按钮，将会打开图2-12所示的旋转面板。

在旋转角度:微调框中输入数值，可设置喷涂图形的倾斜角度；在增量:微调框中输入数值，可设置图形所要增加的旋转角度。选中相对于路径单选按钮，可使所选图形相对于自己绘制的路径进行旋转；选中相对于页面单选按钮，可使所选图形相对于页面设置的角度进行旋转。

如果要对所绘制的喷涂图形进行偏移，可单击喷罐工具属性栏中的“偏移”按钮，打开偏移面板，如图2-13所示。

在偏移:微调框中输入数值，可设置所绘图形的偏移量；在方向(D):旁边单击替换下拉列表框，可弹出图2-14所示的下拉列表，从中可选择图形的偏移方向。

图2-12 旋转面板　图2-13 偏移面板　图2-14 偏移方向下拉列表

4. 书法模式

使用书法艺术笔可以绘制出类似于书法作品的效果，所绘图形根据笔尖的方向可产生粗细不同的效果。通常水平绘制的线条最细，而垂直绘制的线条最粗。

在艺术笔工具属性栏中单击“书法”按钮，可显示其属性栏，如图2-15所示，将鼠标指针移至绘图区中，按住鼠标左键并拖动，即可绘制图形。

图 2-15　书法工具属性栏

如果要调整所绘图形的笔触宽度，可在书法工具属性栏中的艺术媒体工具的宽度微调框 10.0 mm 中输入数值，按回车键，即可将所做的设置应用于该图形上。

在书法工具属性栏中的书法角度微调框 45.0 ° 中输入数值，可设置图形笔触的倾斜角度，如图2-16所示。

5. 压力模式

在艺术笔工具属性栏中单击“压力”按钮，可显示出该工具的属性栏。在艺术笔工具属性栏中的预设模式中选择需要的笔触类型，如图2-17所示；在艺术笔工具属性栏中单击“压力”按钮，在压力模式中设置好压力笔的平滑度和笔肋宽度，如图2-18所示。

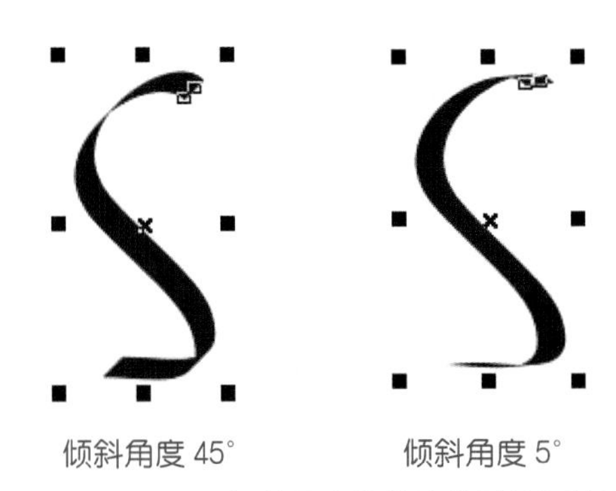

倾斜角度 45°　　倾斜角度 5°

图 2-16　用不同倾斜角度的书法笔触绘制的图形

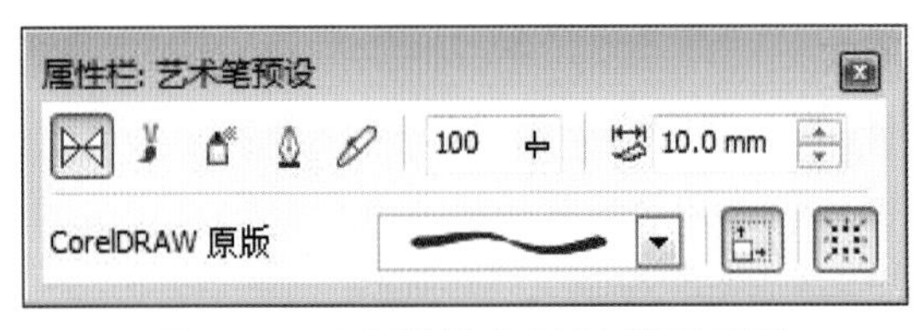

图 2-17　在预设模式中选择笔触类型

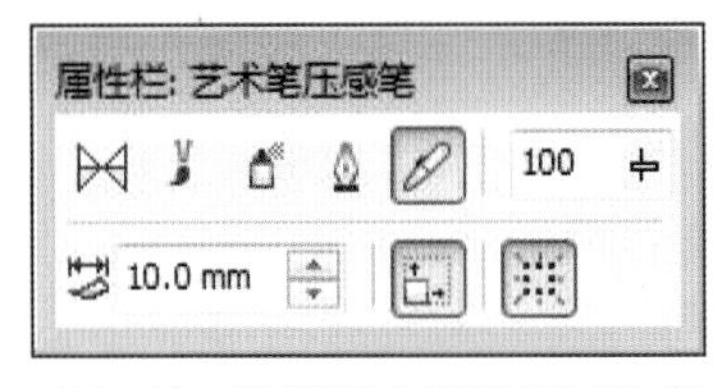

图 2-18　设置压力类型的属性栏

将鼠标指针移至绘图区中，按住鼠标左键并拖动，即可绘制图形，如图2-19所示；在调色板中单击任意一种色块，可为绘制的图形更改相应的颜色，如图2-20所示。

图 2-19　绘制压力图形

图 2-20　更改图形颜色

2.1.4 钢笔工具的应用

使用钢笔工具可以绘制出多种不规则的曲线和图形，还可以对已绘制的曲线和图形进行编辑。在CorelDRAW X6中可以使用钢笔工具来完成各种复杂图形的绘制。

1. 绘制曲线

单击工具箱中的“钢笔工具”按钮，在绘图区中单击鼠标左键确定一个起点，松开鼠标，将鼠标移到另一位置单击并拖动，此时，在两个节点间可出现与贝塞尔工具相同的两个控制点，松开鼠标，这时鼠标指针将变成形状，移动鼠标后再次单击鼠标左键，即可绘制连续的曲线，如图2-21所示。

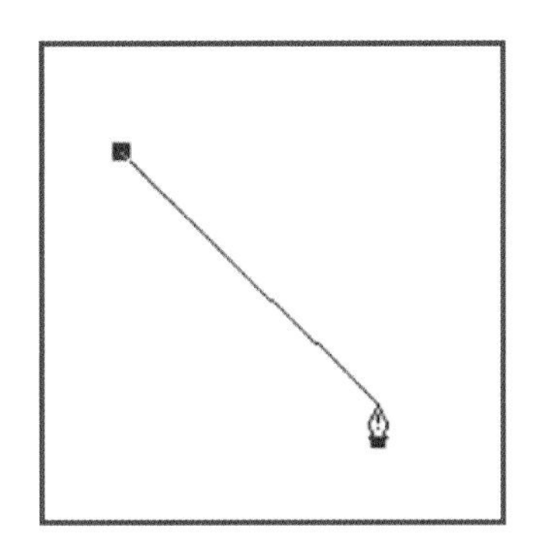
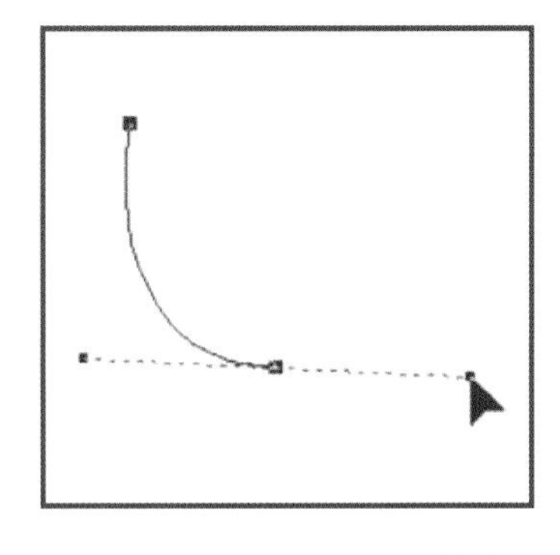
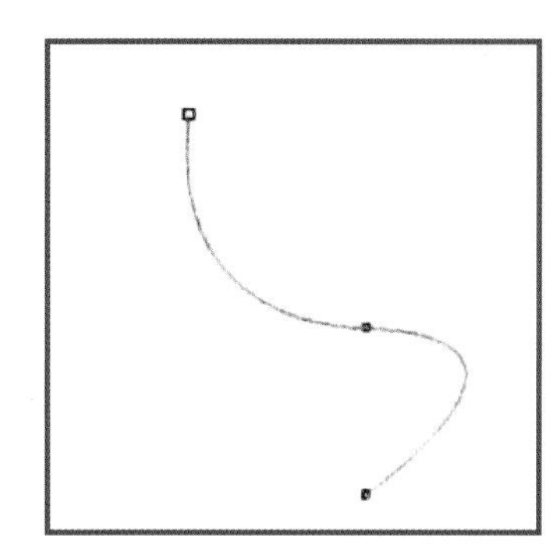

图2-21 用钢笔工具绘制曲线

2. 绘制直线和折线

单击工具箱中的“钢笔工具”按钮，在绘图区中单击确定直线的起点，移动鼠标到其他位置，再单击以确定直线的终点，即可绘制出一段直线。只要再继续移动鼠标并单击确定下一个节点，就可以绘制出折线的效果，要结束绘制，按“Esc”键即可。

在钢笔工具属性栏中单击“自动添加/删除”按钮，可以增加或删除节点：单击“自动添加/删除”按钮，在绘制好的曲线上，将鼠标指针移到节点上时可以删除节点，将鼠标指针移到节点外路径上时可以添加节点。如果要将曲线转换为封闭路径，则将鼠标指针移到起点处，单击鼠标就可闭合路径。

2.1.5 折线工具的应用

使用折线工具可以随心所欲地绘制各种复杂的图形，如直线、曲线、折线、多边形、三角形、四边形及任意形状的图形等。它综合了手绘工具的所有功能，并有所改进，可以在绘制曲线后接着绘制直线，因此，使用折线工具可以使直线与曲线的绘制一步完成。

单击工具箱中的“折线工具”按钮，将鼠标指针移至绘图区中，单击鼠标左键并拖动可以自动生成路径，需要绘制直线时，只需松开鼠标左键，移动鼠标并单击，即可绘制直线，如图2-22所示。

如果要绘制封闭的不规则图形，只需将最后一个点与起始点相连接即可形成封闭图形。

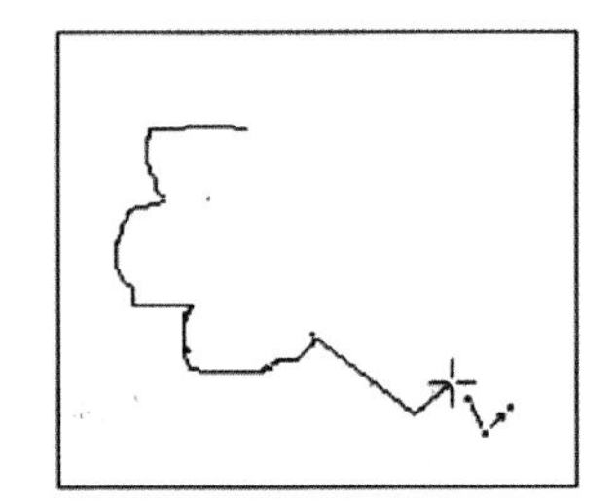
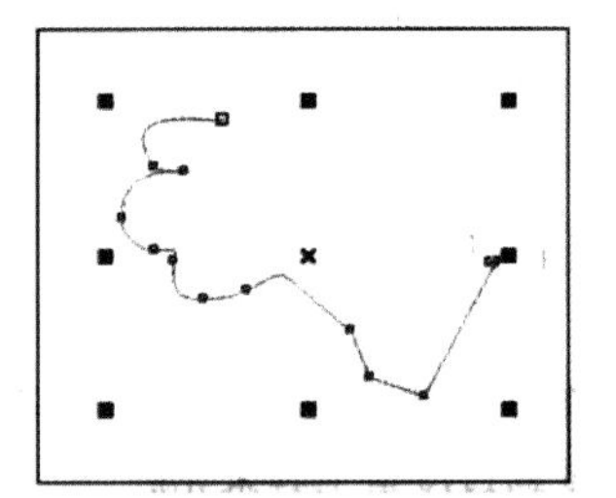

图 2-22　使用折线工具绘制线条

2.1.6　3 点曲线工具的应用

使用3点曲线工具能绘制出多种弧线或近似圆弧的曲线。它的使用方法灵活，是用3个点确定一条曲线，而且只要确定两点，便可以用第三个点来确定曲线的高度和深度，为绘图免除了很多不必要的麻烦。

单击工具箱中的“3点曲线工具”按钮，将鼠标指针移至绘图区中，单击鼠标左键确定一个点，然后按住鼠标左键，将鼠标拖动一定距离并单击鼠标左键确定第二个点，此时绘制出的是一条直线，释放鼠标左键并移动，直线会跟着鼠标的移动变成曲线，移动到合适位置后单击鼠标左键确定第三个点，即可绘制出3点曲线，如图2-23所示。

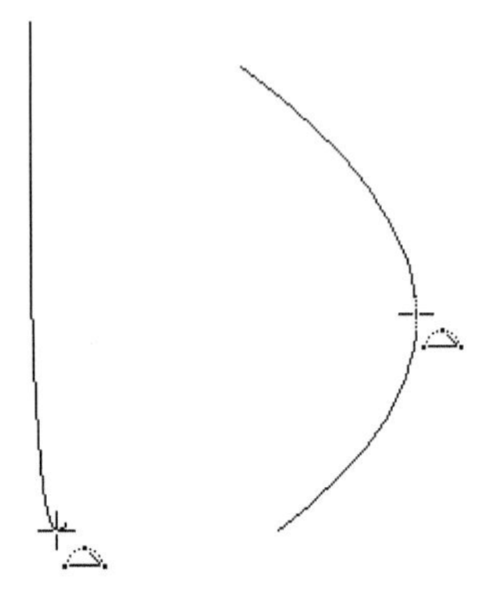

图 2-23　绘制 3 点曲线

如果要绘制闭合的3点曲线，可单击3点曲线工具属性栏中的“自动闭合曲线”按钮 ，此时绘制的3点曲线就会变成闭合的不规则图形。

2.2 绘制基本形状

使用CorelDRAW X6的绘图工具可以绘制任意大小的矩形、正方形、椭圆形、正圆形及多边形等。

2.2.1　矩形的绘制

CorelDRAW X6提供了两种绘制矩形的工具，即矩形工具和3点矩形工具。使用这两种工具可以方便地绘制任意形状的矩形。

1. 使用矩形工具绘制矩形

使用矩形工具绘制矩形是通过确定矩形两个对角点的方式来决定矩形的大小和位置的。其具体的操作方法如下：

(1) 单击工具箱中的“矩形工具”按钮，将鼠标指针移至绘图区中，鼠标指针变为 形状，按住鼠标左键随意拖动，即可拖出一个矩形框，如图2-24所示。

(2) 在拖动鼠标绘制矩形时，其属性栏中会显示矩形的坐标位置，松开鼠标即可完成矩形的绘制，如图

2-25所示。

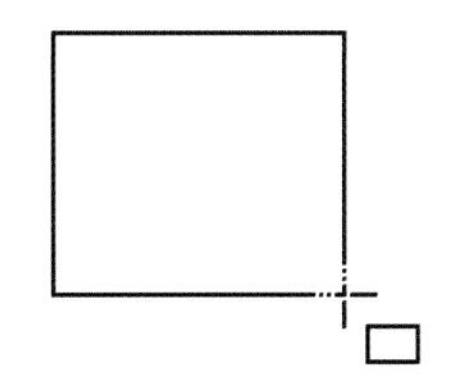

图 2-24 拖出一个矩形框

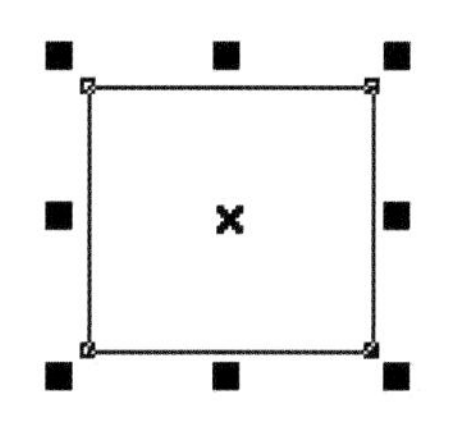

图 2-25 绘制的矩形

如果对矩形的大小不满意，可以在矩形工具属性栏中的对象大小微调框 309.033 mm 67.733 mm 中输入数值，关闭属性栏中的“锁定比例”按钮，即可不等比地改变矩形大小，完成设置后按回车键即可。

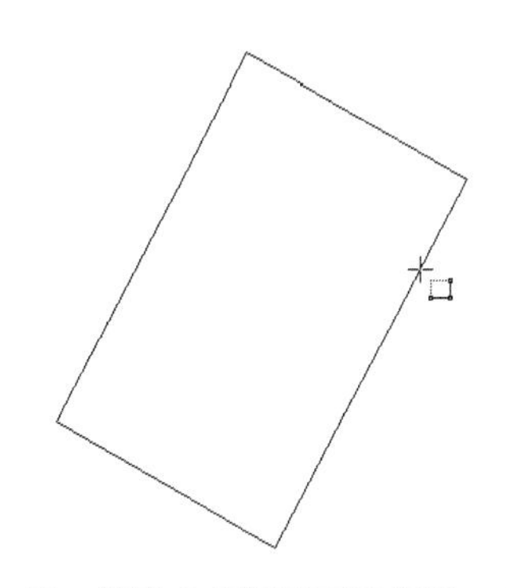

图 2-26 使用 3 点矩形工具拖出一个矩形框

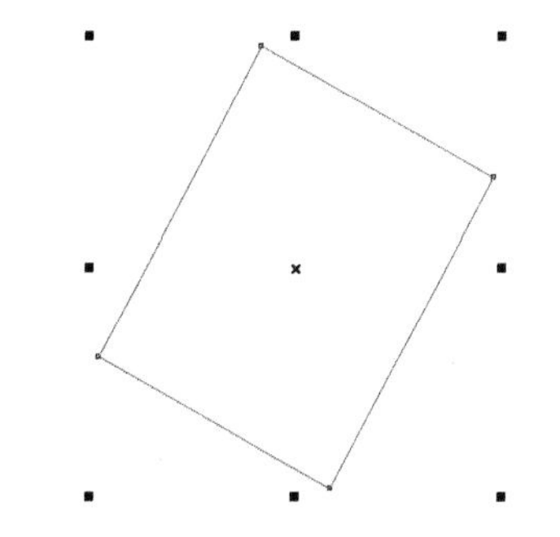

图 2-27 使用 3 点矩形工具绘制的矩形

2. 使用3点矩形工具绘制矩形

3点矩形工具可通过矩形同一边上两个角点及与此边平行的边上的任意一点的位置来确定矩形的大小和位置。其具体操作如下：

(1) 单击工具箱中的“3点矩形工具”按钮，将鼠标指针移至绘图区中，此时，鼠标指针显示为形状，按住鼠标左键确定一个角点，并拖动鼠标至其他位置。

(2) 松开鼠标，确定另一个角点，这两个角点之间生成一条直线，即矩形的一条边。

(3) 移动鼠标指针至边的任意一侧（见图2-26），单击鼠标确定矩形另一条边所在的位置，即可绘制出矩形，如图2-27所示。

3. 绘制正方形

使用矩形工具与3点矩形工具可以绘制正方形。使用矩形工具绘制正方形的具体操作方法如下：

(1) 在工具箱中单击“矩形工具”按钮。

(2) 将鼠标指针移至绘图区中，在按住“Ctrl”键的同时拖动鼠标即可绘制正方形。

使用3点矩形工具绘制正方形的具体操作方法如下：

(1) 单击工具箱中的“3点矩形工具”按钮，将鼠标指针移至绘图区中，绘制正方形的一条边。

(2) 在按住“Ctrl”键的同时移动鼠标指针至边的任意一侧并单击，松开鼠标，即绘制出正方形。

2.2.2 椭圆形和正圆形的绘制

椭圆形和正圆形是经常使用的两种基本图形，要创建椭圆形和正圆形可通过工具箱中的椭圆形工具与3点椭圆形工具来完成。另外，在CorelDRAW X6中还可以使用椭圆形工具创建饼形与弧形。

1. 用椭圆形工具创建椭圆形

单击工具箱中的“椭圆形工具”按钮，将鼠标指针移至绘图区中，按住鼠标左键并拖动，即可绘制出任意大小的椭圆，如图2-28所示。

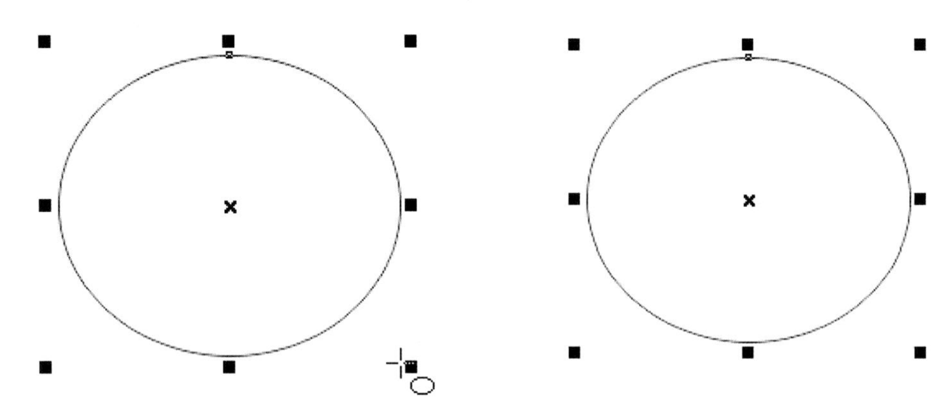

图 2-28　使用椭圆形工具绘制椭圆形

2. 用3点椭圆形工具创建椭圆形

3点椭圆形工具可通过椭圆形两个轴的长度和方向来确定椭圆形的大小和位置。

具体绘制方法如下：

(1)单击工具箱中椭圆形工具组中的“3点椭圆形工具”。

(2)将鼠标指针移至绘图区中，按住鼠标左键并拖动，可绘制出一条线段作为椭圆的轴线，放开鼠标后，移动鼠标指针至线段一侧，在适当位置单击即可，如图2-29所示。

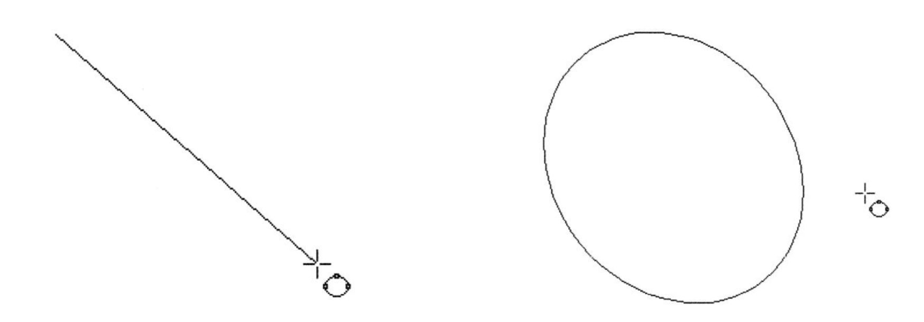

图 2-29　使用 3 点椭圆形工具绘制椭圆形

3. 创建正圆形

使用椭圆形工具与3点椭圆形工具创建正圆形的方法与使用矩形工具与3点矩形工具创建正方形的方法类似，绘制时只需要按住“Ctrl”键即可。如果在按住“Shift+Ctrl”键的同时拖动鼠标绘制，则可以绘制出以起点为中心向外扩展的正圆形。

4. 创建饼形和弧形

绘制一个椭圆形，单击椭圆形工具属性栏中的“饼形”按钮，可将椭圆形转换为饼形，如图2-30所示。

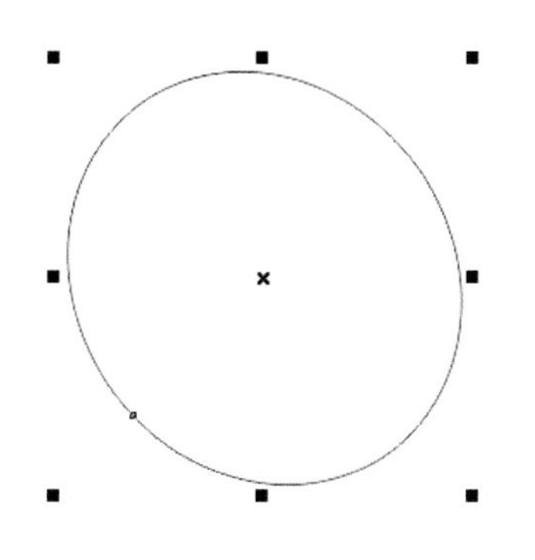

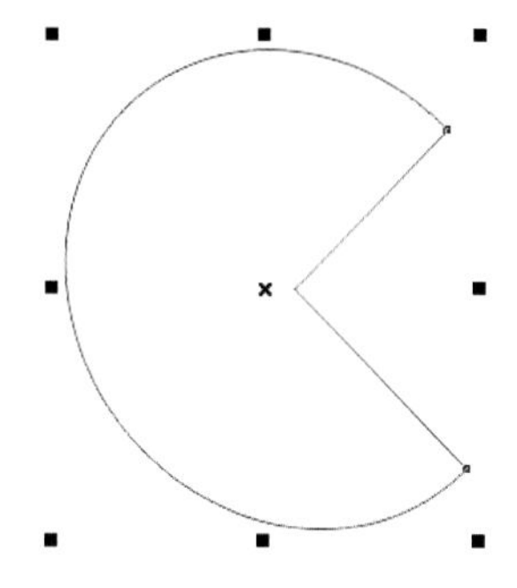

图 2-30　创建饼形

弧形的创建方法与饼形的一样。在选择椭圆形后，在椭圆形工具属性栏中单击“弧形”按钮，即可将椭圆形转换为弧形，如图2-31所示。

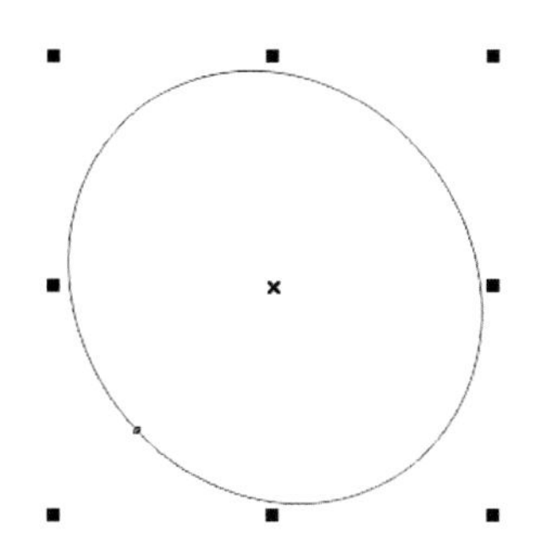

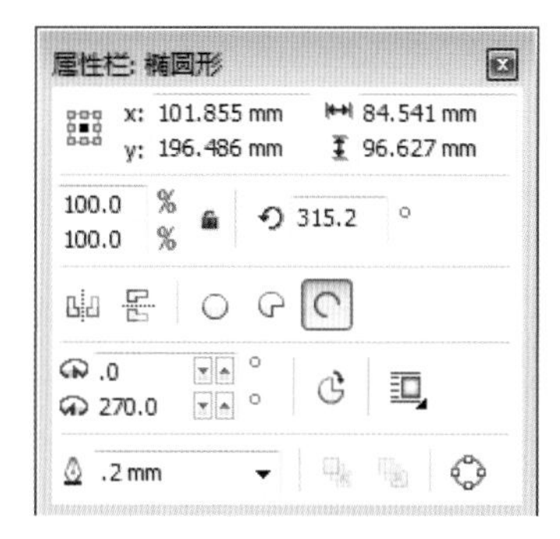

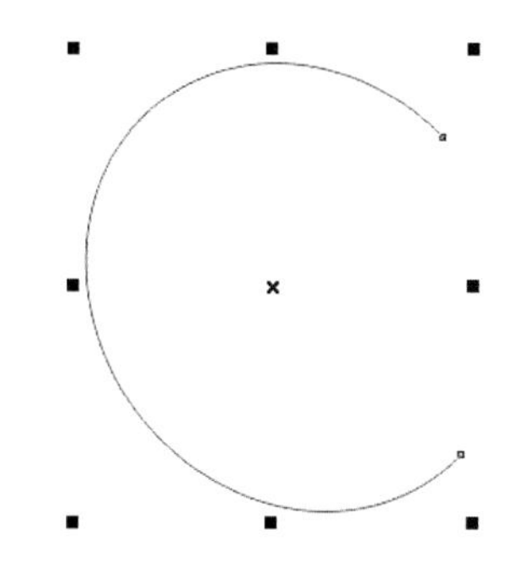

图 2-31　创建弧形

在属性栏中的起始和结束角度微调框 .0 270.0 中输入数值，可设置饼形与弧形的弧度；单击属性栏中的“更改方向”按钮，可对饼形或弧形进行180° 的旋转。

2.2.3　多边形的绘制

在CorelDRAW X6中，使用多边形工具可以创建对称多边形、三角形、菱形、六边形、星形及多边星形等。

1. 绘制多边形

单击工具箱中的“多边形工具”按钮，将鼠标指针移至绘图区中，按住鼠标左键并拖动，即可绘制出五边形，如图2-32所示。

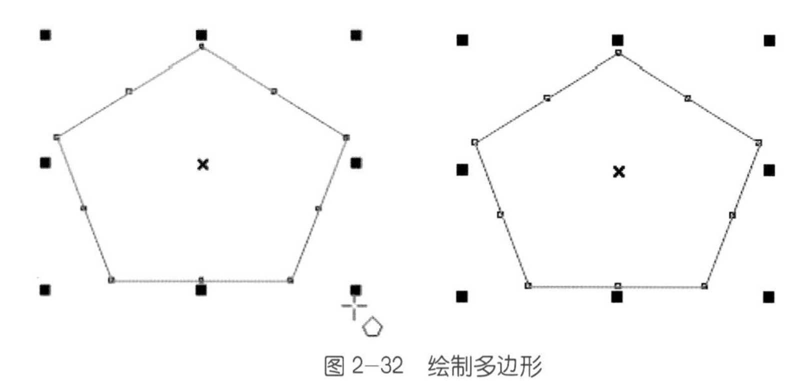

图 2-32　绘制多边形

如果要改变已绘制的多边形的边数，可先选择绘制的多边形，然后在多边形工具属性栏中的多边形端点数微调框 5 中输入所需的边数，按回车键，即可得到所需的多边形。

2. 绘制星形

使用星形工具可以快速地绘制星形，其具体的操作方法如下：

(1)单击工具箱中的“星形工具”按钮，在其属性栏中的多边形端点数微调框 5 中输入所需的边数。

(2)将鼠标指针移至绘图区中，按住鼠标左键拖动，即可绘制出星形，如图2-33所示。

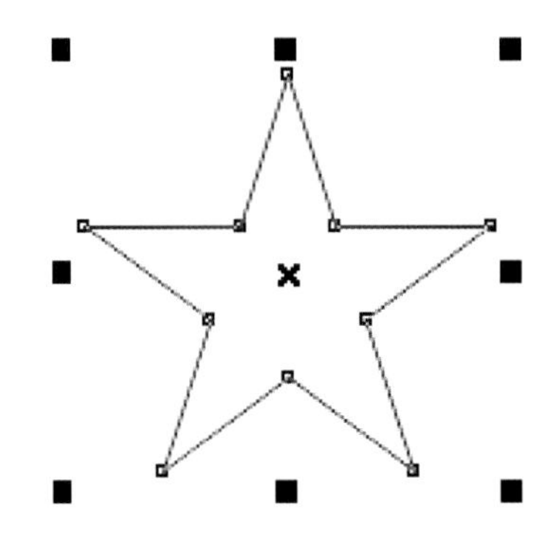

图 2-33　绘制星形

当在绘图区中绘制的多边形或星形处于选中状态时，单击属性栏中的“多边形”按钮或“星形”按钮，可以使选中的图形在多边形与星形之间转换。

3. 复杂星形工具

使用复杂星形工具可绘制复杂星形图形，只需要在属性栏中单击“复杂星形工具”按钮，在图像中拖动鼠标，即可绘制出复杂星形图形。

在复杂星形工具属性栏中的微调框 9 中输入数值，可改变复杂星形的边数。在锐度微调框 2 中输入锐度值，如图2-34所示为锐角为2的复杂星形，更改数值为3后的效果如图2-35所示。

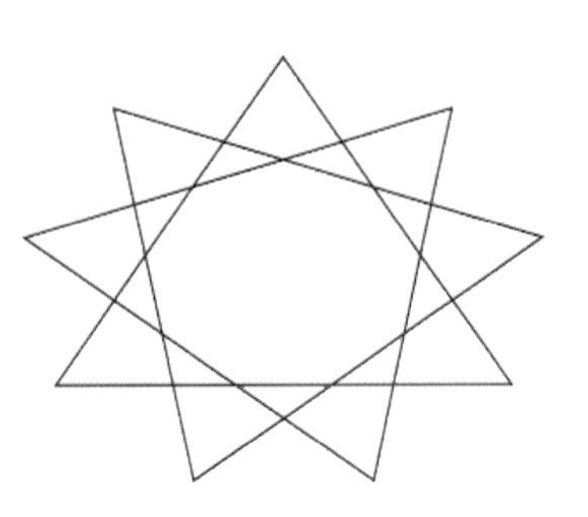

图 2-34　锐度为 2 的复杂星形

4. 创建图纸图形

使用图纸工具可以快速地绘制出不同大小、不同行列的图纸图形。网格图纸图形实际上就是将多个矩形进行连续排列而形成的。

单击多边形工具组中的“图纸工具”按钮，在其属性栏中的图纸列数和行数微调框 4 3 中输入数值，在绘图区中拖动鼠标绘制图纸图形，如图2-36所示。

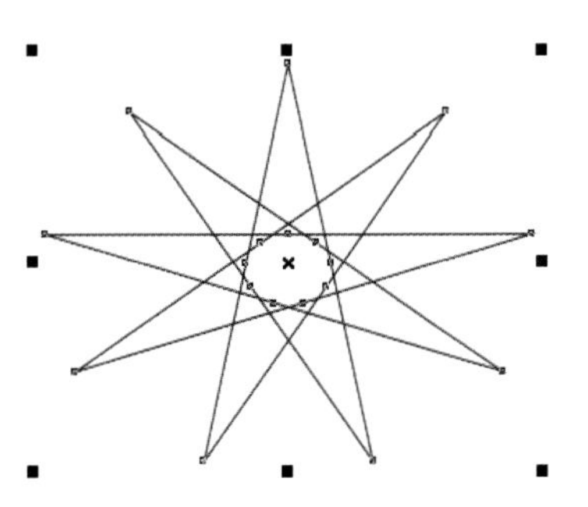

图 2-35　锐度为 3 的复杂星形

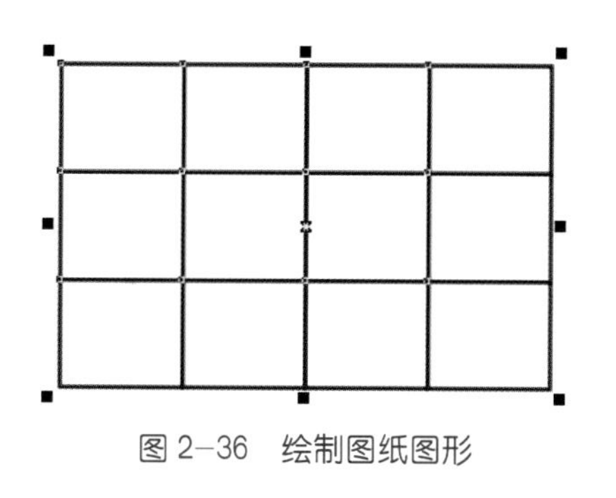
图 2-36 绘制图纸图形

5. 创建螺旋形

螺旋形的创建方法与多边形的创建方法相似，使用螺旋形工具可以绘制两种不同的螺旋形，即对称式螺纹与对数式螺纹。

(1) 对称式螺纹。对称式螺纹是由许多圈曲线环绕形成的，且每一圈螺旋的间距都是相等的。单击工具箱中的“螺旋形工具”按钮，在其属性栏中单击“对称式螺纹”按钮，将鼠标指针移至绘图区中，按住鼠标左键拖动，即可绘制出对称式的螺纹，如图2-37所示。

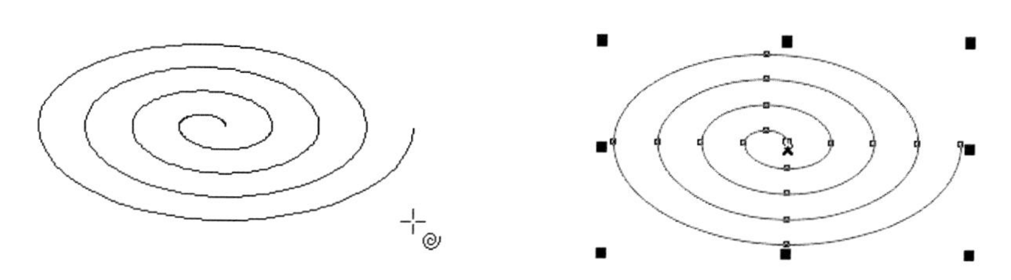
图 2-37 绘制对称式的螺纹

(2) 对数式螺纹。对数式螺纹与对称式螺纹相同，都是由许多圈的曲线环绕形成的，但对数式螺纹的间距可以等量增加。

要绘制对数式螺纹，可单击螺旋工具属性栏中的“对数式螺纹”按钮，将鼠标移至绘图区中，按住鼠标左键并拖动，即可绘制出对数式螺纹。

在属性栏中的螺纹回圈微调框 4 中输入数值，可设置螺纹的圈数。

2.2.4 创建预设的形状

CorelDRAW X6提供了一些比较常用的形状，如标题、箭头与标注等，选择这些形状可以方便地绘制出一些特殊的图形。

1. 基本形状的绘制

CorelDRAW X6提供的基本图形主要有心形、平行四边形、环形、直角三角形及等腰梯形等。要绘制这些基本图形，其具体的操作方法如下：

(1) 单击工具箱中的“基本形状”按钮，在其属性栏中单击“完美形状”按钮，可打开图2-38所示的面板。

(2) 在基本形状面板中选择所需的基本形状，然后将鼠标指针移至绘图区中，此时，鼠标指针变为形状，按住鼠标左键拖动，即可绘制出所选的图形。

2. 箭头形状的绘制

CorelDRAW X6提供了多种箭头类型，要绘制这些箭头，其具体的操作方法如下：

(1) 单击基本形状工具组中的“箭头形状”按钮。

(2)在其属性栏中单击“完美形状”按钮，可打开预设的箭头形状面板，如图2-39所示，从中选择所需的箭头形状，在绘图区中拖动鼠标即可绘制出所选的箭头。

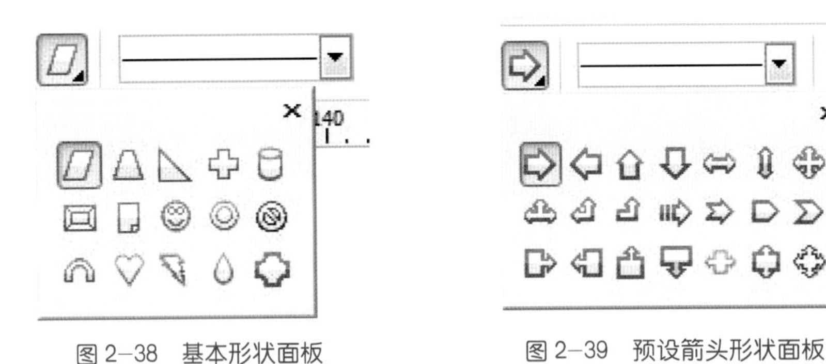

图 2-38　基本形状面板　　　　图 2-39　预设箭头形状面板

3. 流程图形状的绘制

CorelDRAW X6提供了流程图工具，使用它可以绘制出数据流程图、信息系统业务流程图等常见流程图。要绘制流程图，其具体的操作方法如下：

(1)在基本形状工具组中单击“流程图形状”按钮。

(2)在其属性栏中单击“完美形状”按钮，打开流程图面板，如图2-40所示。

(3)从中选择一种形状，在绘图区中按住鼠标左键拖动，即可绘制出所选的流程图。

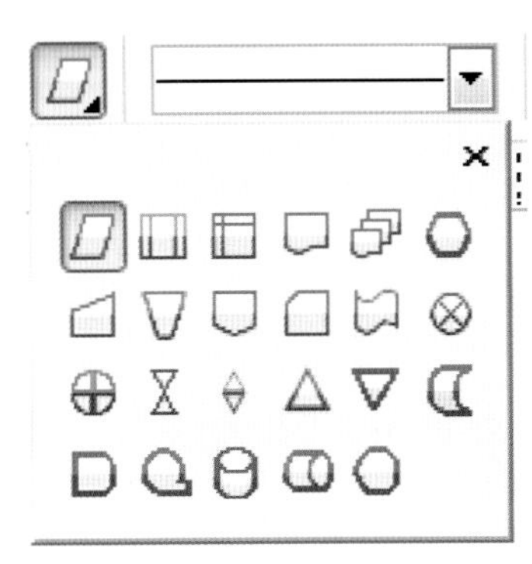

图 2-40　流程图面板

4. 标题形状的绘制

使用标题形状工具可以绘制出多种常见的标题图形。要绘制标题形状图形，其具体的操作方法如下：

(1)在基本形状工具组中单击“标题形状”按钮。

(2)单击其属性栏中的“完美形状”按钮，打开标题形状面板，如图2-41所示。

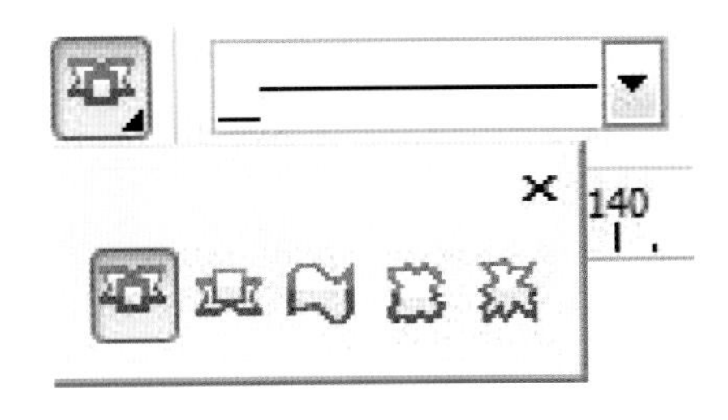

图 2-41　标题形状面板

(3)从中选择一种标题形状，在绘图区中按住鼠标左键拖动，即可绘制出所选的标题形状图形。

5. 标注形状的绘制

标注经常用于做进一步的补充说明，例如绘制了一幅风景画，可以在风景画上绘制标注图形，并在标注图形中添加相关的文字信息。CorelDRAW X6提供了多种标注图形，要绘制标注图形，其具体的操作方法如下：

(1)在基本形状工具组中单击“标注形状”按钮。

(2)在其属性栏中单击“完美形状”按钮，可打开标注形状面板，如图2-42所示。从中选择所需的标注形状，然后在绘图区中拖动鼠标进行绘制，至适当大小后松开鼠标即可。

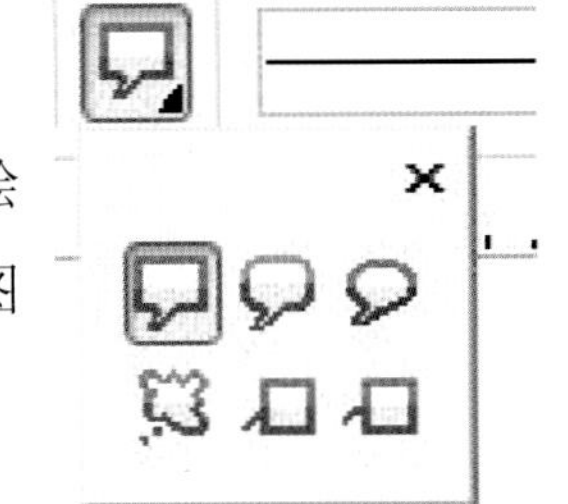

图 2-42　标注形状面板

2.3 线条与圆形的编辑

在CorelDRAW X6中，绘制完曲线与图形后，可以对其进行相应的调整，以达到设计和制作的要求。此时，就可以使用CorelDRAW X6的编辑曲线功能来进行编辑与修改。

2.3.1 曲线的节点控制

构成图形对象的基本要素是节点，使用形状工具可以对所绘图形的节点与线段进行编辑，通过移动节点和节点的控制点、控制线可以编辑曲线或图形的形状，也可以通过增加和删除节点来编辑曲线与图形。

单击工具箱中的“形状工具”按钮，其属性栏如图2-43所示。此属性栏提供了3种节点类型，即尖突节点、平滑节点和对称节点。节点类型的不同决定了节点控制点的属性也不同。

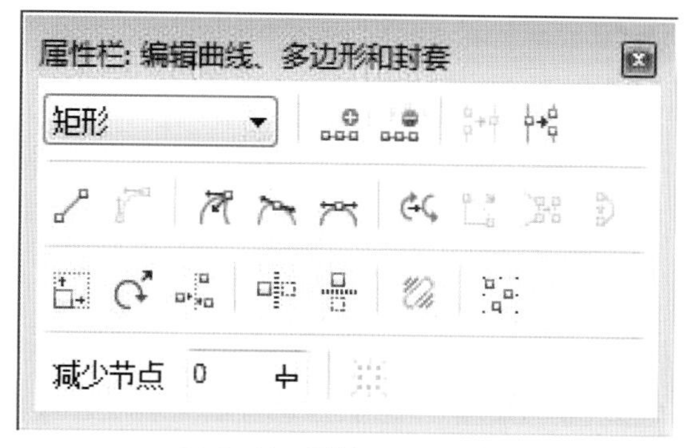

图2-43 形状工具属性栏

尖突节点：在属性栏中单击“使节点成为尖突”按钮，可使所选中的节点变为尖突节点。尖突节点的控制点是独立的，当移动一个控制点时，另外一个控制点并不移动，从而使通过尖突节点的曲线能够尖突弯曲。

平滑节点：平滑节点的控制点之间是相关的，当移动一个控制点时，另外一个控制点也会随之移动，通过平滑节点的线段将产生平滑的过渡。如果要想使某个尖突节点平滑或使节点两边的线段对称，就可单击形状工具属性栏中的“平滑节点”按钮。

对称节点：生成对称节点的操作与使节点平滑的操作相似，唯一不同的是，单击形状工具属性栏中的“生成对称节点”按钮后，节点两侧控制点的距离始终相等。

1. 选取节点

要对线条或图形的节点进行编辑，必须先选取要编辑的节点，选择节点一般有3种情况，即选择一个节点、选择多个节点和选择全部节点。

(1)选择曲线上的一个节点。要选择一个节点，可单击工具箱中的“形状工具”按钮，在所需选择的节点上单击，即可选中该节点。

(2)选择曲线上的多个节点。如果要选择多个节点，单击工具箱中的“形状工具”按钮，在按住“Shift”键的同时，用鼠标单击需要选择的多个节点，或者用鼠标框选所需选择的节点，即可选中多个节点，如图2-44所示。

(3)选择曲线上的全部节点。如果要选择全部节点，单击工具箱中的“形状工具”按钮，在按住“Shift+Ctrl”键的同时，用鼠标单击任意一个节点，则全部节点都被选中，也可在形状工具属性栏中单击“选择全部节点”按钮，即可选中全部节点，如图2-45所示。

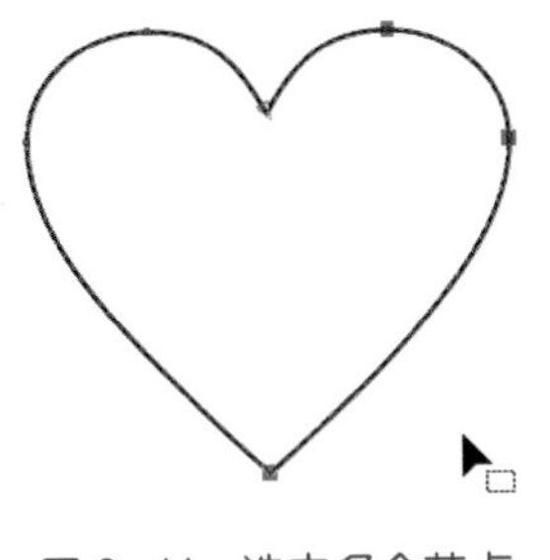

图 2-44　选中多个节点

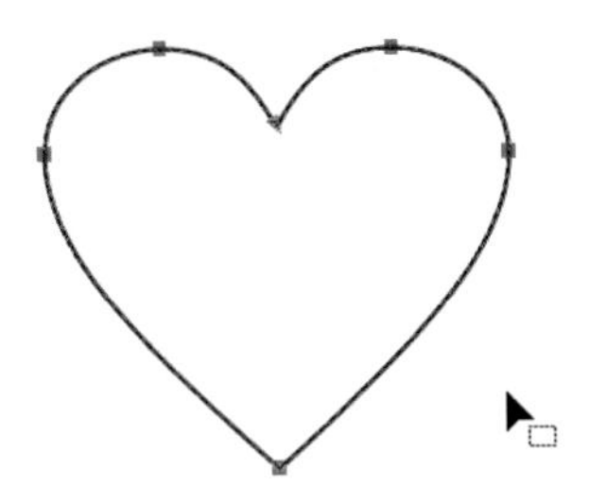

图 2-45　选中全部节点

2. 移动节点

移动节点可以调整曲线和图形的形状，移动节点和节点上的控制点，可以使图形更加完美。

(1)移动曲线上的单个节点。使用贝塞尔工具在绘图区中绘制一个图形，使用形状工具在需要移动的节点上单击并按住鼠标左键拖动，节点可被移动。将鼠标指针移至节点上的控制点上并拖动，可调整图形的形状。

(2)移动曲线上的多个节点。单击工具箱中的“形状工具”按钮，框选图形上的多个节点，然后用鼠标拖动任意一个被选中的节点，其他被选中的节点也会随之移动。

3. 连接节点

连接节点后可以将一个开放的线段变成一个封闭的图形。其操作方法是单击工具箱中的“形状工具”按钮，选择两个需要连接的节点，然后在属性栏中单击“连接两个节点”按钮，就可以使开放的路径成为封闭的图形。

4. 断开节点

利用断开节点功能可以将一个封闭的图形变成一条一条的线段。具体的操作方法为：单击工具箱中的“形状工具”按钮，在需要断开的节点上单击，然后在属性栏中单击“断开曲线”按钮，此时闭合的图形变为开放的图形，然后使用挑选工具移动断开的节点，可看到断开节点的效果，如图2-46所示。

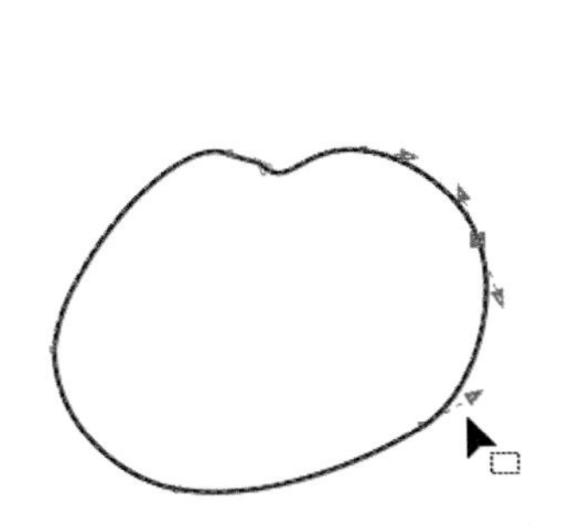

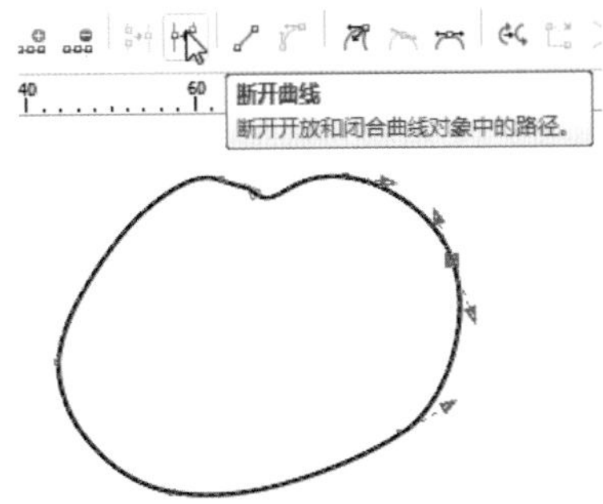

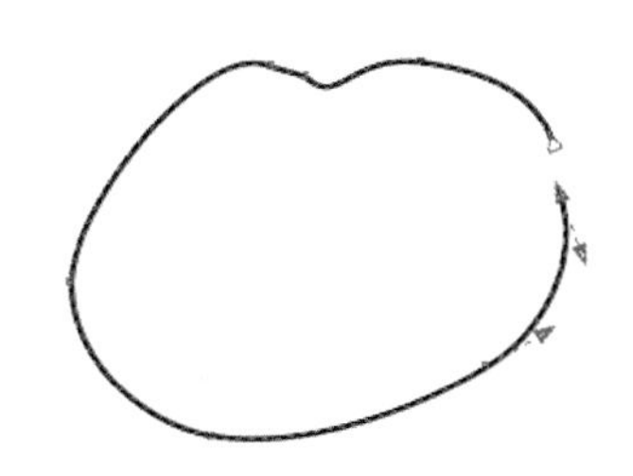

图 2-46　断开曲线节点

5. 添加节点

如果要在绘制的曲线或图形上添加一个节点来改变它的形状，可单击工具箱中的“形状工具”按钮，在曲线或图形上要添加节点的地方单击鼠标左键，单击的地方会出现一个小黑点，然后在属性栏中单击“添加节点”按钮，即可在该处添加一个节点，如图2-47所示。

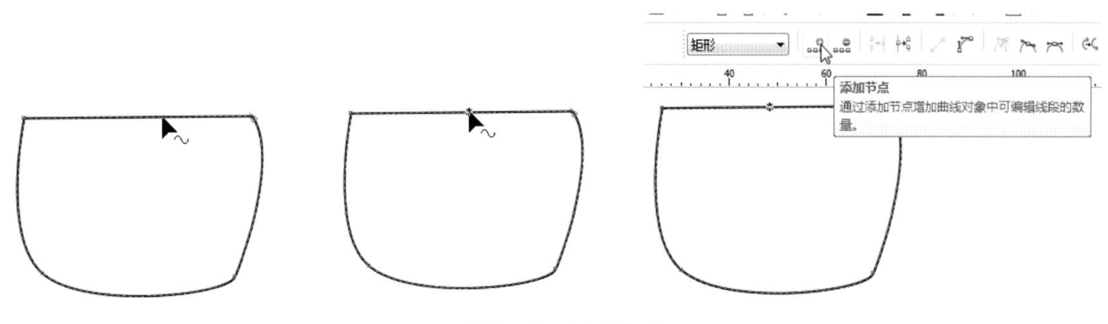

图 2-47 添加节点

单击形状工具属性栏中的“添加节点”按钮，也可以在同一线段上添加等比节点。其操作方法很简单，只需要使用形状工具在图形上随意选取一个节点，然后单击“添加节点”按钮，此时，线段中央将生成一个新的节点，再单击“添加节点”按钮，即可添加等比节点。

6. 删除节点

使用形状工具选择图形或曲线上需要删除的节点，单击属性栏中的“删除节点”按钮，或直接在需要删除的节点上双击鼠标左键，即可删除节点。

7. 转换直线为曲线

将直线转换为曲线的操作很简单，只需要使用形状工具选择直线段上的某个节点，再单击其属性栏中的“转换直线为曲线”按钮，此时，节点靠近起始方向的线段变为曲线，同时在节点上出现蓝色虚线的控制点，用鼠标拖动控制点就可以随意地调节曲线的弯曲度。

8. 转换曲线为直线

如果要将绘制的曲线转换为直线，可单击工具箱中的“形状工具”按钮，选择需要转换为直线的节点，然后在形状工具属性栏中单击“转换曲线为直线”按钮，即可将所选节点之间的曲线转换为直线。

9. 自动封闭曲线

自动封闭曲线功能可将断开的节点用直线自动连接起来。单击形状工具属性栏中的“延长曲线使之闭合”按钮或“自动闭合曲线”按钮，都能自动封闭图形。不同的是，使用自动闭合曲线功能时只需要选中一个终止节点，而使用延长曲线使之闭合功能时，则必须选择线段的起始与终止的两个节点。

10. 反转曲线方向

在形状工具属性栏中单击“反转选定子路径的曲线方向”按钮，可以将绘制好的曲线图形的节点颠倒，将终点的节点变为起点的节点，起点的节点变为终点的节点。

11. 提取子路径

在形状工具属性栏中单击“断开曲线”按钮，可以将绘制好的图形分割并打散，然后单击属性栏中的“提取子路径”按钮，即可将分割后的路径分离成单独的线段节点。

12. 延展与缩放节点

使用延长或缩短节点连线功能可以改变两个或两个以上的节点之间的距离。具体的操作是，使用形状工具选择需要延长或缩短的节点，单击其属性栏中的“延展与缩放节点”按钮，此时选择的节点周围各出现8个黑色小方块，用鼠标拖动小方块即可延长或缩短节点的连线。

13. 旋转与倾斜节点

如果要旋转或倾斜节点连线，可使用形状工具选取需要旋转或倾斜的节点，再单击其属性栏中的“旋转与倾斜节点”按钮，此时所选的节点周围会出现旋转控制符号，用鼠标拖动旋转控制符号，即可旋转或倾斜节点。

14. 曲线平滑度

可以通过更改节点数量来调整曲线的平滑程度，即在曲线平滑度输入框中输入相应的数值，如图2-48所示。

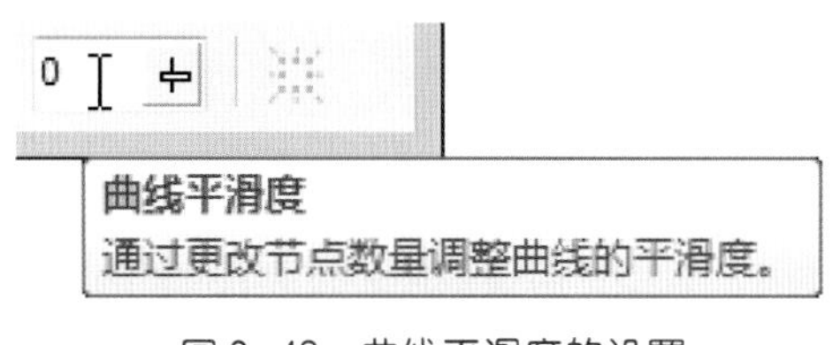

图 2-48　曲线平滑度的设置

15. 对齐节点

对齐节点功能可以使节点沿水平或垂直方向对齐，使用此功能可以制作出特殊的曲线和图形效果。

要使用对齐节点功能，其具体的操作方法如下：

(1)使用贝塞尔工具在绘图区中绘制曲线图形，如图2-49所示。

(2)使用形状工具选择曲线图形上需要对齐的两个或多个节点，如图2-50所示。

(3)在形状工具属性栏中单击“对齐节点”按钮，弹出“节点对齐”对话框，选中某一选项，如“垂直对齐”，如图2-51所示。

(4)单击“确定”按钮，即可使所选的节点在垂直方向上对齐，如图2-52所示。

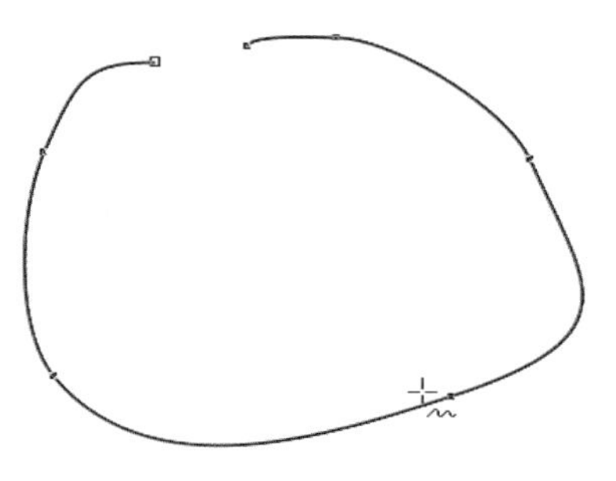
图 2-49　绘制的曲线图形

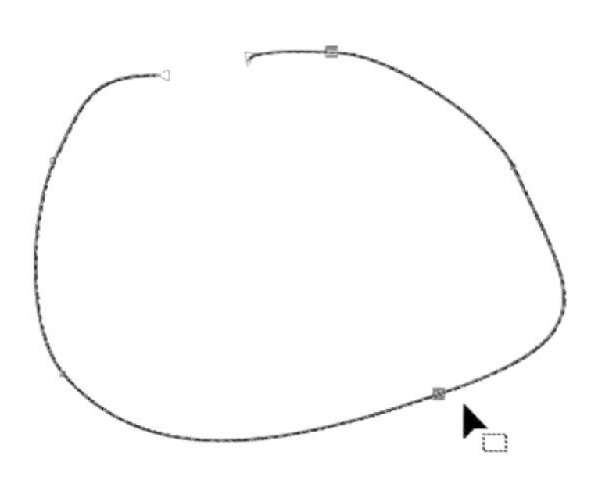
图 2-50　选择两个节点

图 2-51　“节点对齐”对话框

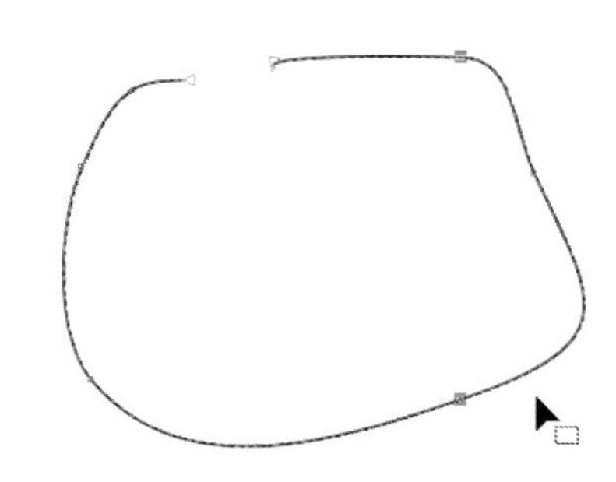
图 2-52　垂直对齐节点

2.3.2　曲线轮廓与箭头的编辑

使用贝塞尔工具或手绘工具绘制曲线后，可以通过其属性栏设置曲线的端点和轮廓的样式。

1. 设置曲线的轮廓宽度

使用贝塞尔工具绘制曲线，再使用挑选工具选择绘制的曲线，如图2-53所示。

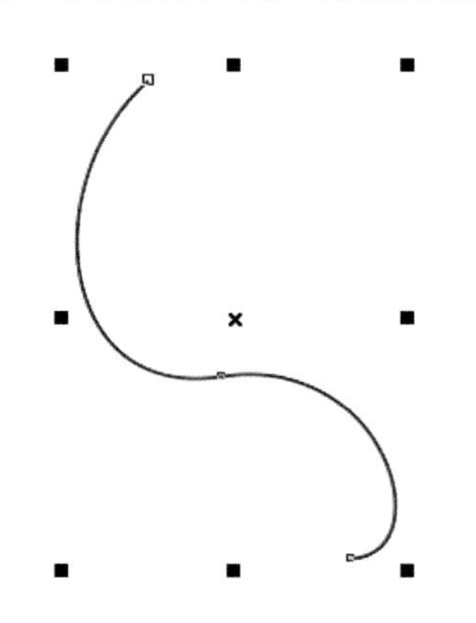
图 2-53　绘制曲线并选中

在属性栏中单击轮廓宽度下拉列表框 .2 mm ，弹出轮廓宽度的下拉列表，从中选择相应的数值，如图2-54所示，也可直接在轮廓宽度下拉列表框中输入相应的数值，按回车键来设置曲线轮廓宽度。改变曲线轮廓宽度后的效果如图2-55所示。

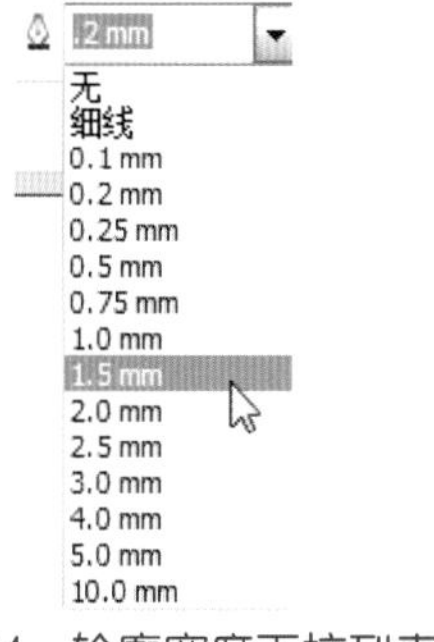

图 2-54　轮廓宽度下拉列表

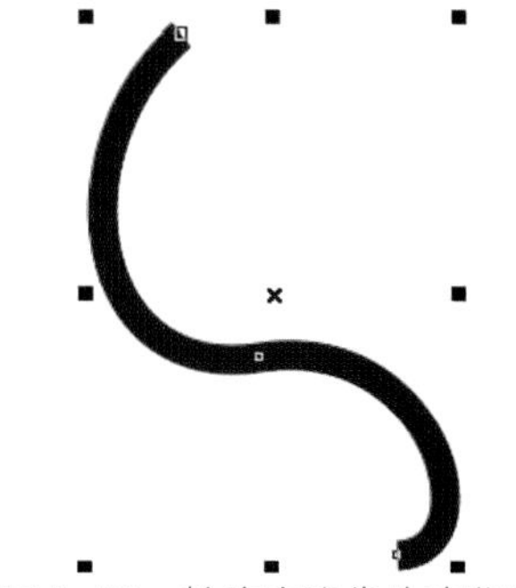
图 2-55　轮廓宽度发生变化后

2. 设置曲线的箭头样式

CorelDRAW X6提供了多种箭头样式，应用这些箭头与符号可以使图形对象更加完善。属性栏中有两个选择箭头的下拉列表，其中，左边的可用于设置线条起始处的箭头，右边的可用于设置线条终止处的箭头。单击[按钮]或[按钮]下拉按钮，弹出箭头样式下拉列表，如图2-56所示。从中选择所需箭头样式，可在曲线的起始点或终止点添加所选的箭头，效果如图2-57所示。

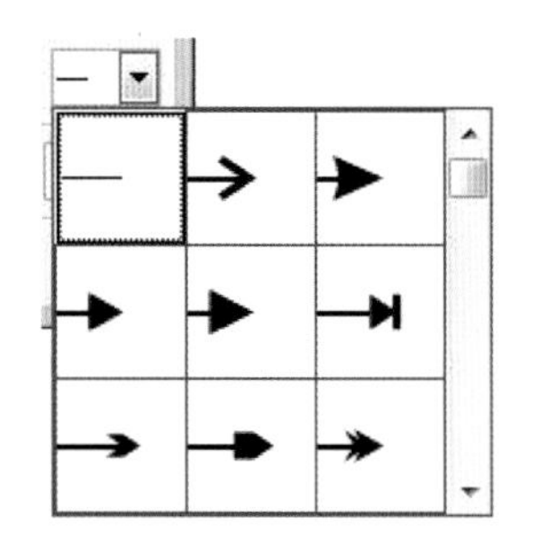
图 2-56 箭头样式下拉列表

在贝塞尔工具属性栏中单击轮廓样式选择器下拉列表框[下拉列表框]，弹出图2-58所示的轮廓样式选择器下拉列表，在其中选择所需的轮廓样式，即可改变曲线的样式，如图2-59所示。

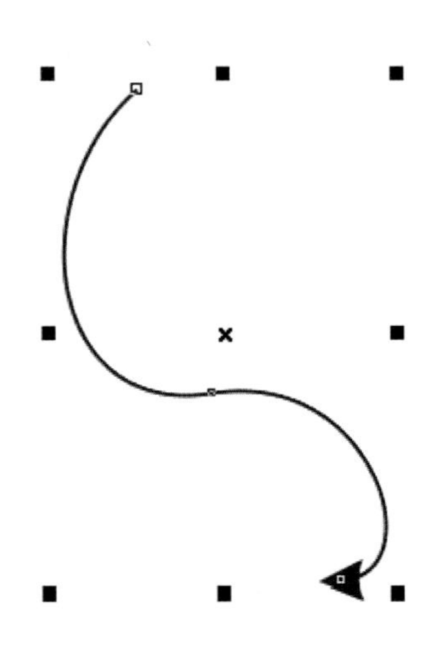
图 2-57 添加箭头样式

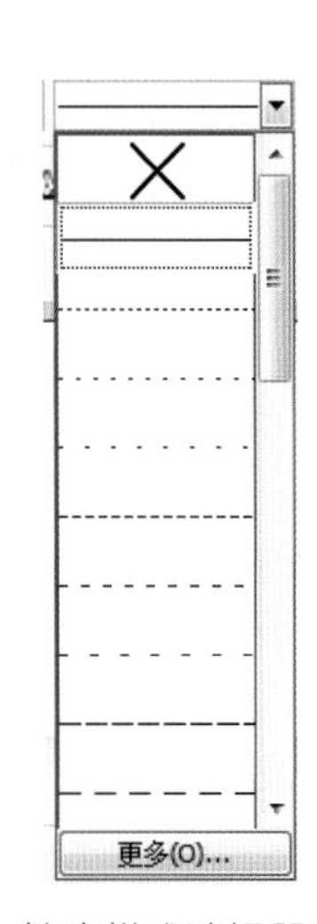

图 2-58 轮廓样式选择器下拉列表

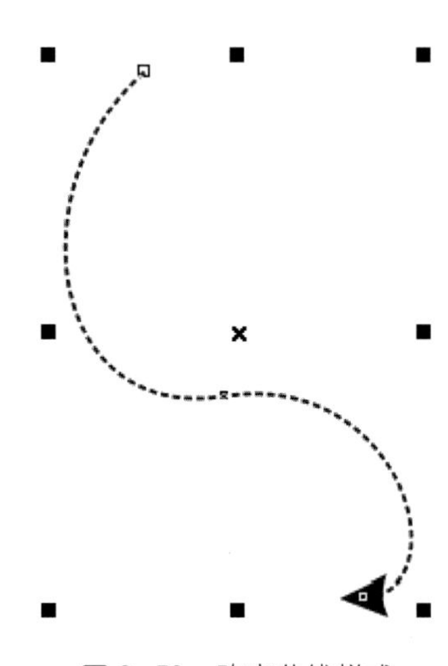
图 2-59 改变曲线样式

在轮廓样式选择器下拉列表中单击[更多(O)...]按钮，弹出[编辑线条样式]对话框，如图2-60所示。

在“编辑线条样式”对话框中可以对轮廓线进行编辑，编辑好后，单击[添加(A)]按钮，可以将新编辑的线条样式应用到曲线上。

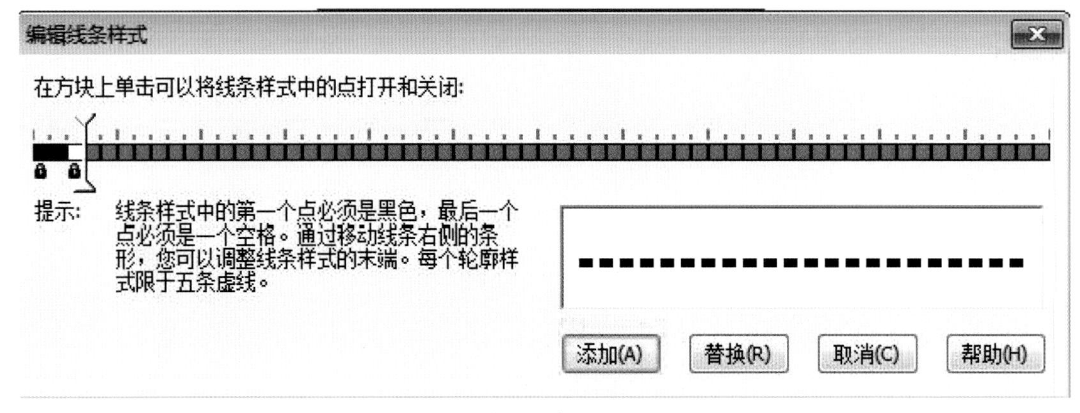

图 2-60 “编辑线条样式”对话框

2.3.3 对象的编辑与修改

使用矩形、椭圆形、多边形及基本图形工具绘制的图形都是简单的形体，此类图形具有其特殊的属性，可以对其进行简单的编辑。如果需要对其进行比较复杂的编辑，就需要将这些简单的形体转换为曲线。

在CorelDRAW X6中可以使用形状工具调整图形的形状。调整图形形状主要有两种情况：一种是在保持图形原有的特殊属性的情况下，直接使用形状工具拖动节点进行调整；另一种是将图形对象转换为曲线后，再通过形状工具进行调整。

1. 直接用形状工具调整图形

通过工具箱中的矩形工具、椭圆形工具及多边形工具等绘制的图形，都可以直接使用形状工具来调整。例如，在绘图区中绘制一个矩形后，单击工具箱中的“形状工具”按钮，将鼠标指针移至矩形四角的任意一个节点处，按住鼠标左键并拖动，即可调整矩形为圆角矩形，如图2-61所示。

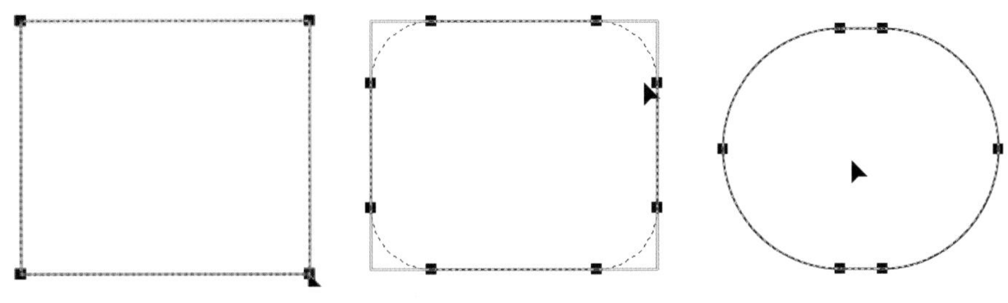

图 2-61　用形状工具调整矩形

也可在绘图区中绘制一个椭圆形，然后使用形状工具拖动椭圆形上的节点，将其调整为饼形，如图2-62所示。

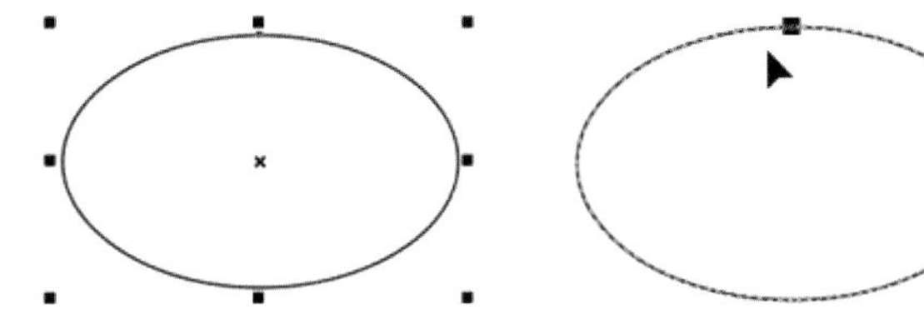
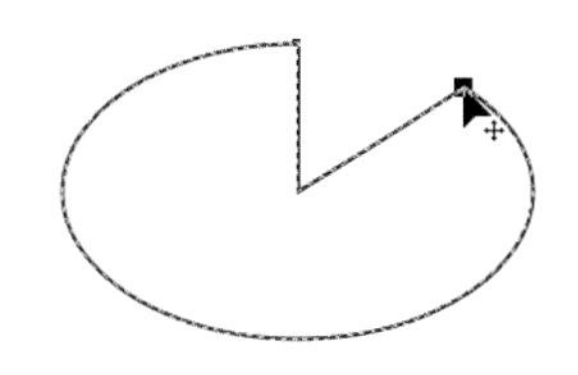

图 2-62　用形状工具调整椭圆形为饼形

2. 转换为曲线后调整图形

在CorelDRAW X6中，如果要修改图形的外形，可以使用CorelDRAW X6提供的转换曲线功能，将这些基本形体转曲后，可以方便地调整图形对象的外形。

要将图形转换为曲线后调整，其具体的操作方法如下：

(1) 使用多边形工具在绘图区中拖动鼠标绘制一个三角形。

(2) 选择菜单栏中的排列(A)→将轮廓转换为对象(E)命令，此时可以看出三角形上角的节点变大了一些，表示该节点为转曲后图形的起点，如图2-63所示。

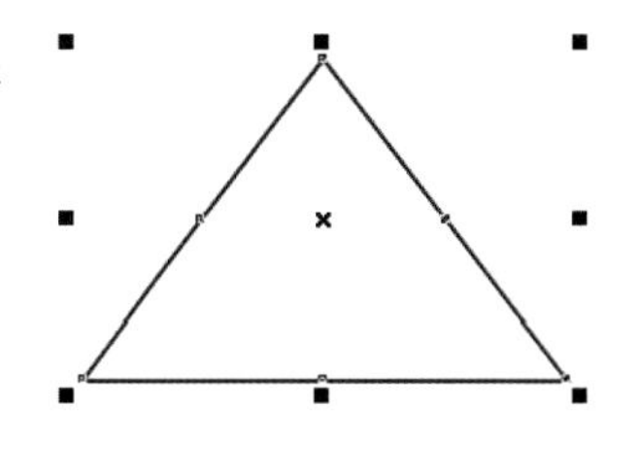
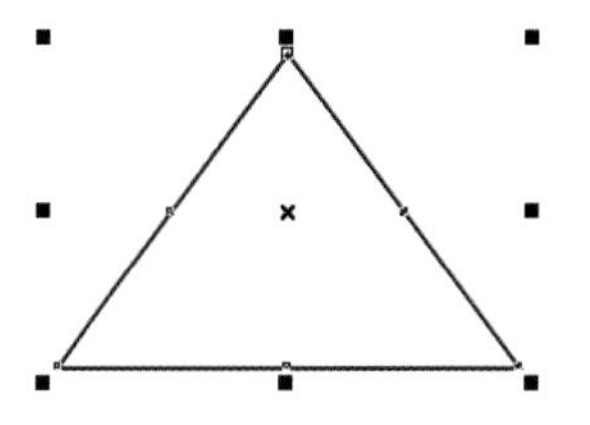

图 2-63　将三角形转换为曲线

(3) 单击工具箱中的“形状工具”按钮，将鼠标指针移至三角形的任意一个节点上，按住鼠标左键拖动，可调整三角形的形状，也可在三角形的三条边上添加节点，然后再对该节点进行编辑，如图2-64所示。

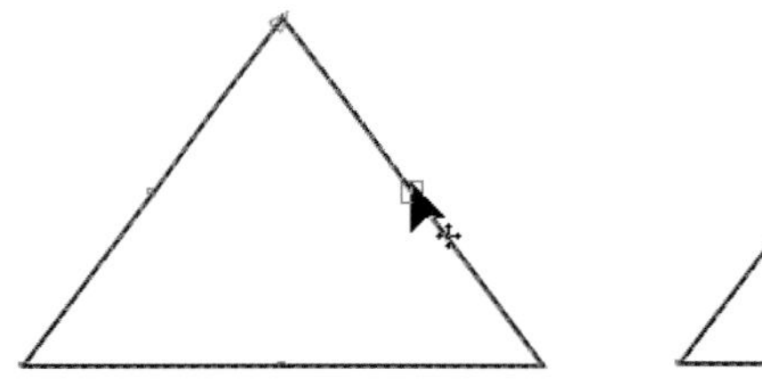

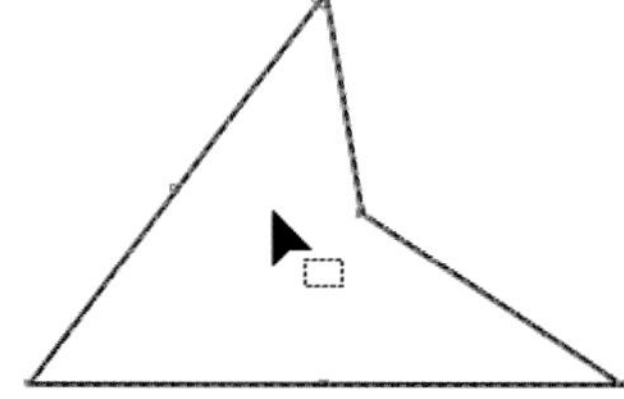

图 2-64　调整三角形的形状

3. 图形的修改

CorelDRAW X6的工具箱提供了一些修改图形的工具，包括刻刀工具、橡皮擦工具等，使用这些工具可以方便地对图形进行修改。

使用刻刀工具可以将图形剪切成开放的曲线，也可将一个图形对象分割成两个图形对象。

如果要将图形对象变成开放的曲线，除了使用形状工具外，还可以使用刻刀工具来完成，其具体的操作方法如下：

(1) 使用星形工具在绘图区中绘制一个星形。

(2) 单击工具箱中的“刻刀工具”按钮，并在属性栏中单击“保留为一个对象”按钮。

(3) 在星形图形的任意一个节点上单击鼠标，此时已经将图形剪切为开放的曲线了，但从图中无法看出有什么变化，只是节点变大了一些。

(4) 为了观察分割的效果，可使用形状工具选择分割的节点，按住鼠标左键拖动，松开鼠标，其分割后的效果如图2-65所示。

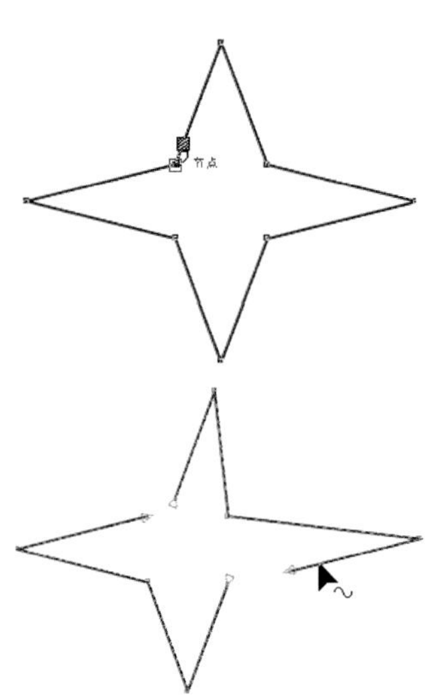

图 2-65　剪切图形为开放曲线

要将一个图形分割成两个相互独立的图形，其具体的操作方法如下：

(1) 使用基本形状工具在绘图区中绘制需要分割的图形。

(2) 单击工具箱中的“刻刀工具”按钮，并在属性栏中单击“剪切时自动闭合”按钮。

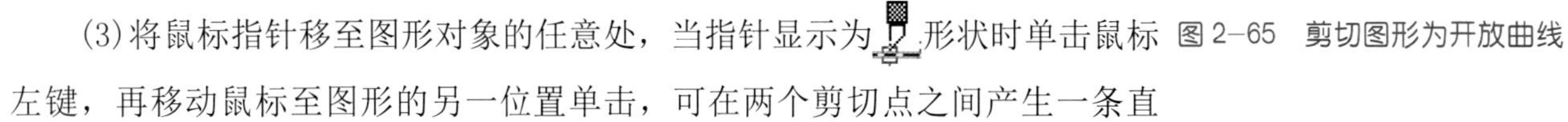

(3) 将鼠标指针移至图形对象的任意处，当指针显示为形状时单击鼠标左键，再移动鼠标至图形的另一位置单击，可在两个剪切点之间产生一条直线，表示已经将图形分割成两个独立的图形了，此时可使用挑选工具选择分割后的其中一个对象，将其向其他位置拖动，即可清晰地看到分割后的效果，如图2-66所示。

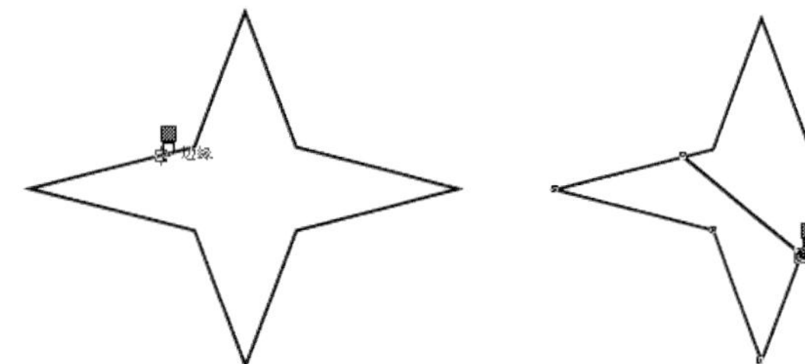

图 2-66　分割图形为两个独立的图形

使用橡皮擦工具可以将一个图形擦除为两条闭合的曲线。其具体的操作方法如下：

(1)在绘图区中绘制一个图形，单击工具箱中的“橡皮擦工具”按钮。

(2)将鼠标指针移至图形上，单击鼠标左键，移动鼠标指针至图形的另一端，即图形的外部，单击鼠标左键并拖动，使其经过图形内部直到图形另一端，松开鼠标，这时，鼠标指针经过之处的图形会被擦除，图形被分割成两条闭合曲线。

选择橡皮擦工具后，将鼠标指针移至图形上，单击并按住鼠标左键拖动，可以将图形擦除为图2-67所示的形状。

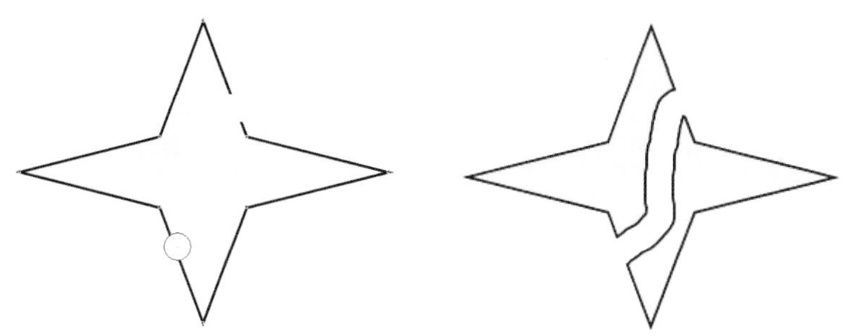

图 2-67　用橡皮擦修改图形

2.4 轮廓线的设置

轮廓是指对象边缘的线条。在CorelDRAW X6中可以对图形对象的轮廓进行各种设置，从而制作出精美的轮廓效果。

在系统默认状态下，绘制出的图形已经画出了黑色的细线轮廓。通过调整轮廓线的宽度，可以创建不同宽度的轮廓线，也可将图形设置为无轮廓。

2.4.1　对象轮廓属性的设置

对象的轮廓属性包括轮廓线的粗细、轮廓线的样式、转角样式、线端及对象的书法轮廓等，通过设置对象轮廓属性可美化对象的外观。

1. 设置轮廓线粗细

在绘图区中绘制的线条与图形，其轮廓线都比较细，可通过“轮廓笔”来设置轮廓线的粗细程度。

单击工具箱中的“轮廓工具”按钮，在打开的工具组中单击“轮廓笔”按钮 轮廓笔 F12 ，弹出 轮廓笔 对话框，如图2-68所示。

在 宽度(W): .2mm 的下拉列表中可选择相应的数值，设置所选图形对象的轮廓线粗细。在此下拉列表框右侧的 毫米 下拉列表中可为轮廓线设置单位。

也可直接在 宽度(W): 下边的框中输入相应的数值来设置对象的轮廓线粗细。例如，可将所选对象的轮廓线宽度设置为5mm，其具体的操作方法如下：

(1)使用多边形工具在绘图区中拖动鼠标绘制多边形对象。

(2)在轮廓工具组中单击 轮廓笔 F12，弹出“轮廓笔”对话框，在 毫米 下拉列表中选择毫米，在 宽度(W): 下拉列表框中输入数值5，单击 确定 按钮，即可改变多边形的轮廓线粗细。

2. 设置轮廓线的样式

要为对象设置轮廓线的样式，可在 轮廓笔 对话框中的 样式(S): 下拉列表中选择所需的轮廓线的样式，单击 确定 按钮，即可改变对象的轮廓线样式，如图2-69所示。

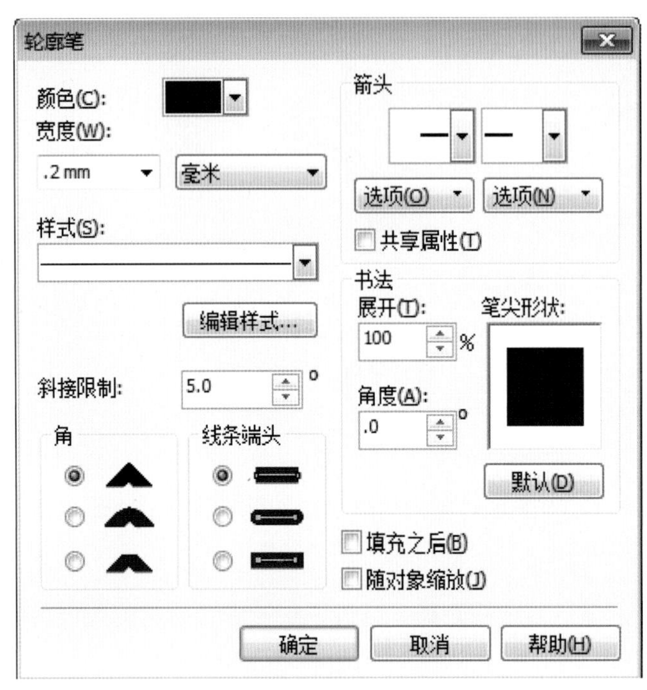

图 2-68 “轮廓笔”对话框

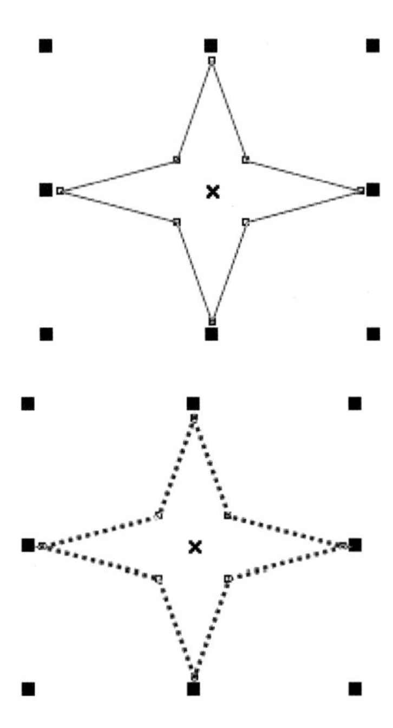

图 2-69 轮廓线样式的更改

3. 设置转角样式

在“轮廓笔”对话框中也可设置对象的转角样式，即锐角、圆角或梯形角，其具体的设置方法如下：

(1)使用多边形工具在绘图区中绘制一个多边形。为了便于查看效果，可将多边形的轮廓线宽度设置为6mm。

(2)在 轮廓笔 对话框的 角 选项区中选中相应的单选按钮，可改变对象的转角样式，如图2-70所示。

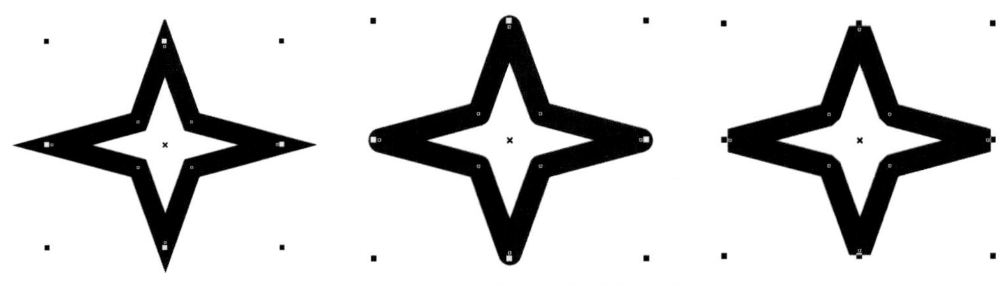

图 2-70 对象转角样式的更改

4. 设置线端

在CorelDRAW X6中可以对开放的曲线设置线端，而对于封闭图形设置线端则看不出任何效果。要为曲线设置线端，其具体的操作方法如下：

(1)单击工具箱中的“贝塞尔工具”按钮，在绘图区中绘制一条曲线。

(2)在轮廓工具组中单击“轮廓笔”按钮，弹出轮廓笔对话框，在线条端头选项区中有多种线条端头模式，从中选中相应的单选按钮，可改变线的端头，例如选择圆头或平头样式，效果如图2-71所示。

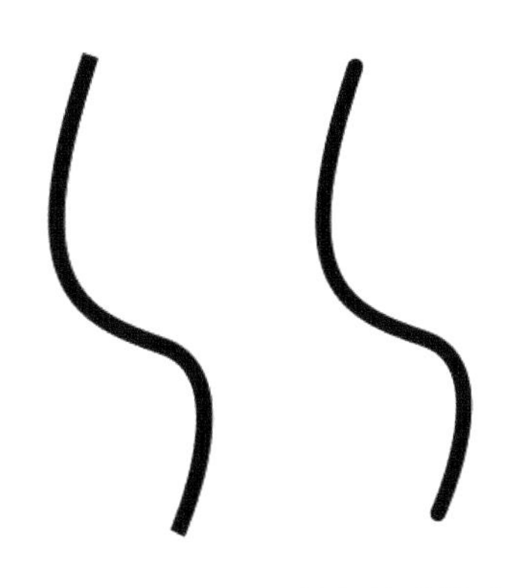

图 2-71　不同线条端头模式

2.4.2　对象轮廓颜色的设置

绘制一个图形对象，可以对其轮廓线设置相应的颜色。在CorelDRAW X6中，通过鼠标设置轮廓线颜色的方法有两种：一种是在选择对象后，在调色板中用鼠标右键单击相应的色块；另一种是将鼠标指针移至调色板色块上，按住鼠标左键将其拖至填充对象的轮廓线上，然后松开鼠标即可。这两种方法只能使用调色板中的颜色，如果要精确设置对象轮廓线的颜色，则需要通过“轮廓颜色”对话框或颜色泊坞窗来进行设置。

1. 使用“轮廓颜色”对话框

单击轮廓工具组中的“轮廓色”按钮 轮廓色 位移+F12 ，弹出轮廓颜色对话框，如图2-72所示。在此对话框中打开 模型、混和器与调色板选项卡，可在相应的选项卡中对所选对象的轮廓颜色进行精确设置。

设置好需要的颜色后，单击确定按钮，即可改变所选对象轮廓线的颜色，如图2-73所示。

图 2-72　“轮廓颜色”对话框

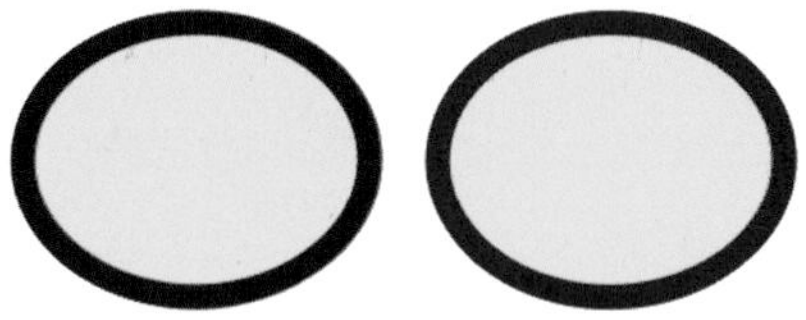

图 2-73　对象轮廓线颜色的更改

2. 使用颜色泊坞窗

单击填充工具组中的“颜色泊坞窗”按钮 彩色(C) ，打开颜色泊坞窗，在颜色泊坞窗中可精确设置轮廓线的颜色。分别单击颜色泊坞窗中的“显示颜色滑块”按钮、“显示颜色查看器”按钮或“显示调色板”按钮，可使颜色泊坞窗以不同的形式显示。

2.5 应用实例——节日卡片的制作

通过前几节的学习，我们对CorelDRAW X6有了初步的认识，本节将通过实例制作让读者进一步熟悉和掌握CorelDRAW X6的使用。

1. 创作目的

制作节日卡片，最终效果如图2-74所示。

图 2-74　节日卡片最终效果图

2. 创作要点

创作本例时，主要用到了艺术笔工具、贝塞尔工具、形状工具等。

3. 创作步骤

(1) 新建一个图形文件，单击工具箱中的“贝塞尔工具”按钮，在绘图区中单击鼠标左键确定一个节点，拖动鼠标到另一位置单击，再继续拖动并单击，绘制图2-75所示的图形。

(2) 单击工具箱中的“形状工具”按钮，在绘制的图形上单击选中该图形，然后再单击每个节点并对其进行修改，修改后的图形如图2-76所示。

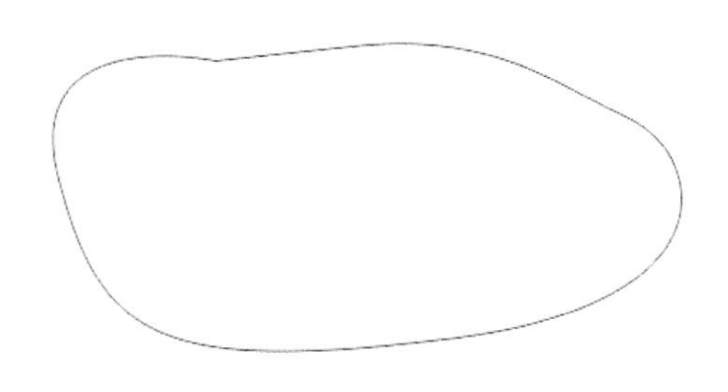

图 2-75　绘制图形

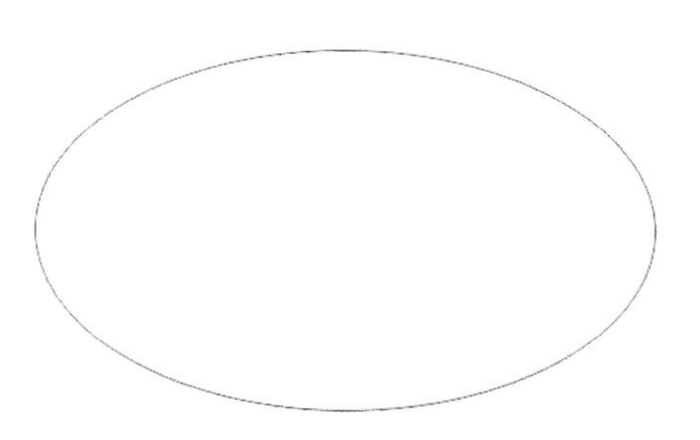

图 2-76　调整图形

(3)使用挑选工具选择绘制的图形，单击手绘工具组中的“艺术笔工具”按钮，在其属性栏中单击“喷罐”按钮，然后在属性栏中的喷涂文件列表中选择适当的喷涂样式，设置属性栏中的其他参数如图2-77所示，效果如图2-78所示。

(4)录入“节日快乐”，详细做法在后面的章节讲解。

(5)使用挑选工具选择“节日快乐”，单击手绘工具组中的“艺术笔工具”按钮，在其属性栏中单击“书法”按钮，属性栏中的参数按图2-79所示设置，效果如图2-80所示。

(6)使用挑选工具选择“节日快乐”文字，在调色板中单击红色色块，可将其颜色填充为红色，最终效果如图2-74所示。

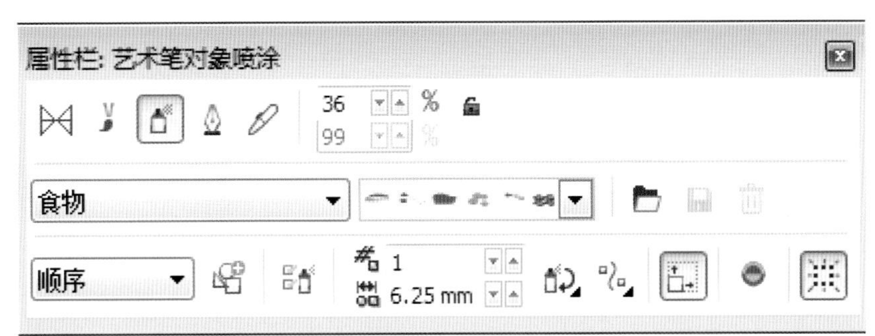

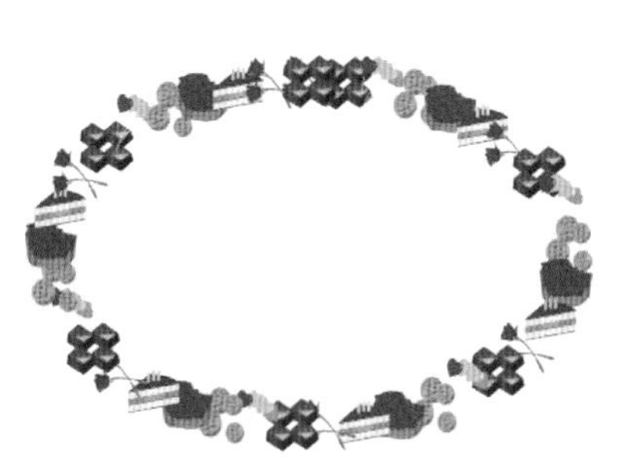

图2-77 喷罐工具属性栏

图2-78 艺术笔喷罐效果

图2-79 书法工具属性栏

图2-80 艺术笔书法效果

第3章 颜色填充

☼ 学习目标

在CorelDRAW X6中绘制一个图形时，需要先绘制图形的轮廓线，再根据需要对轮廓线进行编辑，并为其填充合适的颜色。本章将介绍图形对象轮廓线的绘制与颜色的填充方法。

☼ 学习要点

◎色彩模式
◎调色板设置
◎图形填充

3.1 颜色的模式

色彩的调整是绘图过程中非常重要的一个环节。颜色模式是指图像在显示或打印输出时定义颜色的不同方式。例如在CMYK颜色模式中，所有的颜色都是由青色、洋红、黄色与黑色按不同比例混合生成的，可以生成几百万种颜色，而调色板只含有固定数量的颜色。

CorelDRAW X6提供了多种色彩模式，有RGB、CMYK、Lab与HSB等，其中常用的颜色模式为RGB与CMYK。这些模式可以在 位图(B) → 模式(D) 命令下的子菜单中进行选择，也可以相互转换。

3.1.1 RGB颜色模式

自然界中的颜色可以由红、绿、蓝3种色光按照一定的比例合成，RGB颜色模式便是借助这一原理来描述色彩的。与CMYK颜色模式相反，RGB颜色模式是一种加色模式。

RGB颜色模式是一种使用最广泛的色彩模式，每种色彩的取值范围都为0～255。此模式的图像比CMYK颜色模式的图像文件要小得多，可以节省存储空间并降低内存使用率。

3.1.2 CMYK颜色模式

当光线照射到某一物体上时，该物体会吸收一些光线，同时会将其余波长的光线反射，而反射的色光就是人眼能看到的物体的颜色，也就是说，一个物体所呈现的颜色是由自然光谱减去被吸收的光线所产生的。

CMYK颜色模式的彩色图像中的每个像素都由青色(C)、洋红(M)、黄色(Y)与黑色(K)按照不同的百分比组合而成，此颜色模式常应用于打印输出与印刷。熟悉印刷色片或操作过电子分色机的人员，更习惯通过网点来校正色彩，因为在CMYK颜色模式下像素网点的百分比更接近于印刷效果。

3.1.3 Lab颜色模式

RGB颜色模式是一种发光的屏幕加色模式，而CMYK颜色模式是颜色反光的减色模式；Lab颜色模式不依赖于光线，它是一种包括了肉眼可见的所有颜色的色彩模式，弥补了RGB颜色模式和CMYK颜色模式的不足。

Lab颜色模式是一种多通道的颜色模式，由一个亮度分量L及两个色彩分量a和b来表示颜色。其中L的取值范围为0～100，a和b都是专色通道，其取值范围为-120～120。Lab颜色模式下的图像处理速度要比CMYK颜色模式下处理图像的速度快数倍，与RGB颜色模式的处理速度大致相同。如果要将RGB颜色模式转换为CMYK颜色模式，则系统会自动将RGB颜色模式转换为Lab颜色模式，再转换为CMYK颜色模式。

3.1.4 HSB模式

HSB是色相、饱和度与明度的缩写。此模式是基于人眼对颜色的感觉而发生作用的，不同于RGB的加色原理和CMYK的减色原理。饱和度代表色彩的浓度，是指某种颜色中所含灰色数量的多少，饱和度越高，灰色成分就越低，颜色的色度就越高，其取值范围为0(灰色)～100%(纯色)。例如，同样是蓝色，会因为饱和度的不同而分为深蓝色和淡蓝色。明度指的是颜色的明暗程度，是对一个颜色中光强度的衡量，其取值范围为0(黑色)～100%(白色)。

3.1.5 灰度模式

灰度模式又叫8位深度图。每个像素用8个二进制位表示，能产生2的8次方即256级灰色调。当一个彩色图被转换为灰度模式图像时，所有的颜色信息都将丢失。

灰度模式的图像就像黑白照片一样，只有明度值，没有色相和饱和度的颜色信息。0代表黑色，100%代表白色。

将彩色模式转换为双色模式时，必须先由彩色模式转换为灰度模式，再由灰度模式转换为双色模式，此过程在黑白印刷中经常使用。

3.2 设置调色板

调色板是由一系列纯色组成的，可以从中选择填充和轮廓的颜色，使用调色板可对对象进行快速的填充。

3.2.1 选择调色板

选择菜单栏中的 窗口(W) → 调色板(L) 命令，可弹出其子菜单，如图3-1所示。该菜单提供了多种不同的调色板。

如果不使用调色板，可在此菜单中选择 无(N) 命令，此时会在CorelDRAW X6窗口中关闭所有打开的调色板。

此外，在此菜单中选择 打开调色板(O)... 命令，会弹出 打开调色板 对话框，如图3-2所示。从中选择需要的调色板，然后单击 打开(O) 按钮，即可将所选择的调色板载入CorelDRAW X6中，以便使用。

图 3-1 调色板子菜单

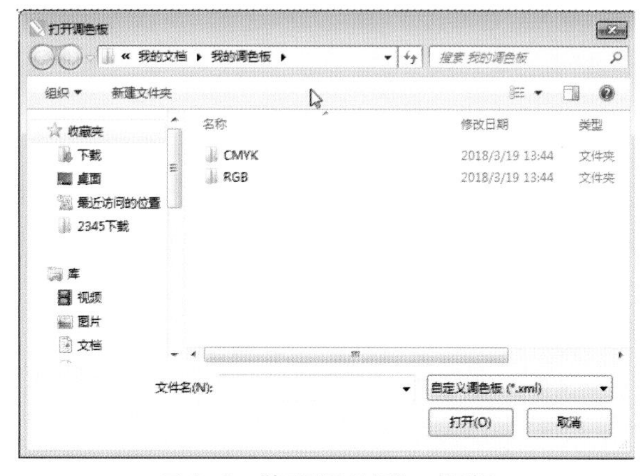

图 3-2 “打开调色板”对话框

3.2.2 调色板编辑器

选择 窗口(W) → 调色板(L) → 调色板编辑器(A)... 命令，可打开 调色板编辑器 泊坞窗，如图3-3所示。

1. 打开调色板

打开调色板的方法如下：

(1)选择 窗口(W) → 调色板(L) → 调色板编辑器(A)... 命令，打开 调色板编辑器 泊坞窗。

(2)选择所需调色板类型 默认 调色板 。

2. 创建调色板

在 调色板编辑器(A)... 泊坞窗中可创建调色板。创建一个新的空白调色板的方法如下：

(1)选择 窗口(W) → 调色板(L) → 调色板编辑器(A)... 命令，打开“调色板编辑器”泊坞窗。

(2)单击“新建调色板”按钮，弹出 新建调色板 对话框，如图3-4所示。

(3)在该对话框中的 文件名(N): 文本框中输入所创建的调色板名称，单击 保存(S) 按钮即可。

使用选定的对象创建一个新的调色板方法如下：

(1)选择 窗口(W) → 调色板(L) → 调色板编辑器(A)... 命令，打开“调色板编辑器”泊坞窗。

(2)选择一个或多个对象。

(3)在“调色板编辑器”泊坞窗中单击“调色板另存为”按钮，在弹出的 另存为 对话框中进行设置，然后单击 保存(S) 按钮即可。

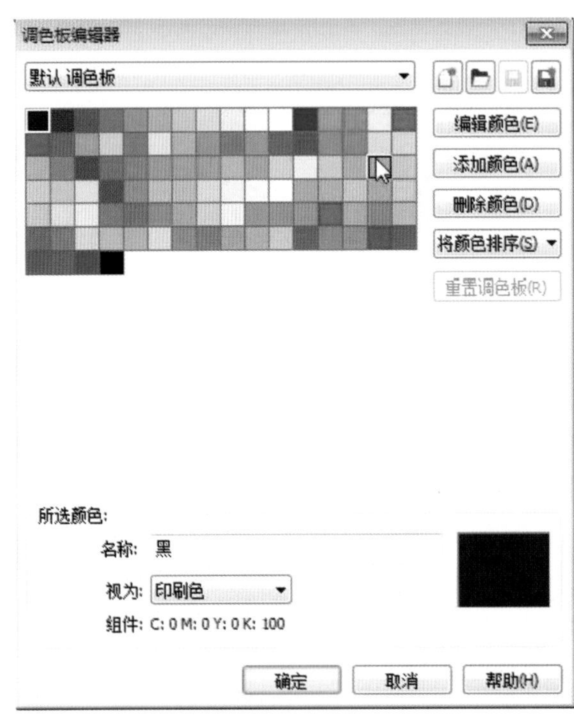

图 3-3 “调色板编辑器”泊坞窗

图 3-4 “新建调色板”对话框

3. 调色板编辑器

单击 调色板编辑器(A)... 按钮，在打开的 调色板编辑器 泊坞窗中可新建、打开及编辑调色板，其方法如下：

(1)选择 窗口(W) → 调色板(L) → 调色板编辑器(A)... 命令，打开 调色板编辑器 泊坞窗。

(2)单击“新建调色板”按钮，可打开 新建调色板 对话框，在该对话框中进行设置，单击 保存(S) 按钮即可。

(3)单击“打开调色板”按钮，在弹出的 打开调色板 对话框中选择所需要打开的调色板，单击

打开(O)按钮即可。

(4)若新建了一个调色板，则可以单击“调色板另存为”按钮，将其保存。

(5)单击“调色板编辑器”泊坞窗中的编辑颜色(E)按钮，会弹出选择颜色对话框，如图3-5所示，在该对话框中可编辑当前所选择的颜色，完成后单击确定按钮即可。

(6)单击添加颜色(A)按钮可向指定的调色板中添加颜色。

(7)单击删除颜色(D)按钮可将所选的颜色删除。

(8)单击将颜色排序(S)按钮，在弹出的下拉菜单中选择颜色的排列方式。

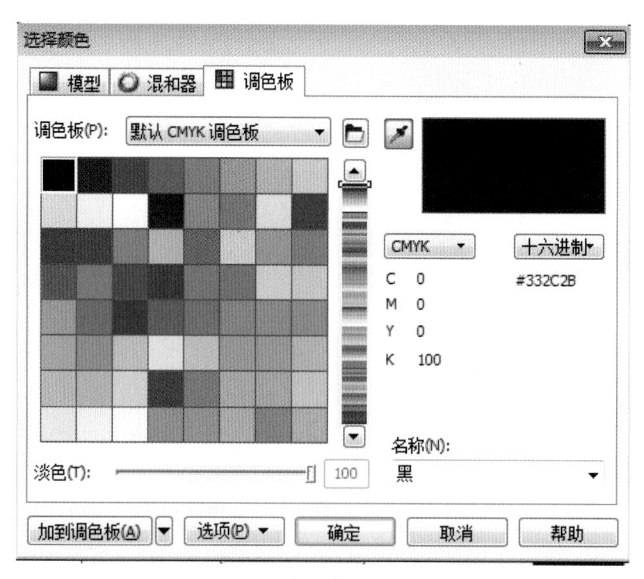

图 3-5 “选择颜色”对话框

3.3 图形的填充

在CorelDRAW X6中，颜色的填充就是对图形对象的轮廓和内部的填充。图形对象的轮廓只能填充单色，而图形对象的内部可以进行单色、渐变色、图案及纹理等多种方式的填充。

3.3.1 颜色的选择

CorelDRAW X6操作窗口右侧的调色板是多个纯色的集合，通过选择调色板中的颜色可以快速地填充图形对象。CorelDRAW X6提供了多种调色板，选择菜单栏中的窗口(W)→调色板(L)命令，弹出其子菜单，从中可选择多种颜色调色板，默认状态下使用的是CMYK调色板。

使用挑选工具选择需要填充的对象，然后单击操作窗口右侧的调色板中的色彩方块，即可将所选颜色应用到对象上，如图3-6所示。

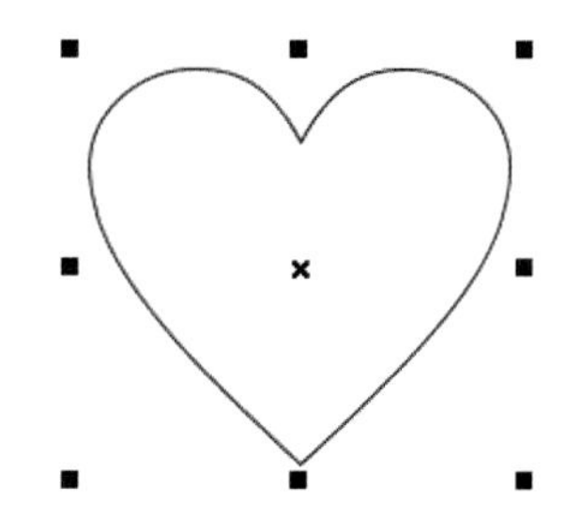

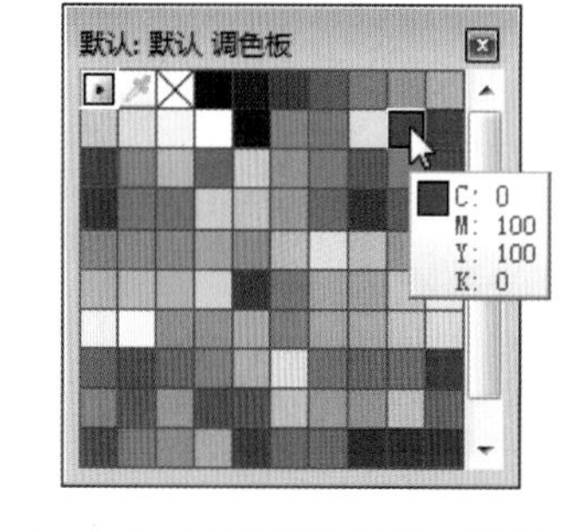

图 3-6 通过调色板填充图形

此外，在所选的颜色上按住鼠标左键不放，会弹出其近似色，如图3-7所示。如果用鼠标右键单击调色板中的图标，可取消图形对象轮廓线的颜色，如图3-8所示。

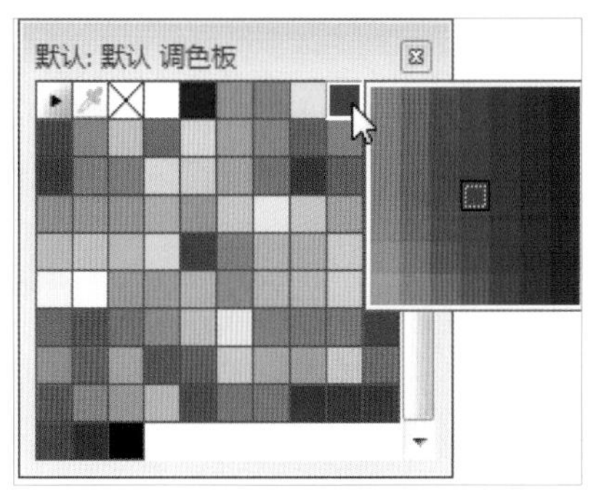

图 3-7 弹出近似的颜色

图 3-8 取消图形对象轮廓线的颜色

3.3.2 颜色的填充

单击工具箱中的“填充工具”按钮右下角的小三角形，可弹出隐藏的工具组，其中包括多种填充工具，如图3-9所示。

单击填充工具组中的“均匀填充”按钮 均匀填充，弹出 均匀填充 对话框，从中可以设置所需的颜色，如图3-10所示。

图 3-9 填充工具组

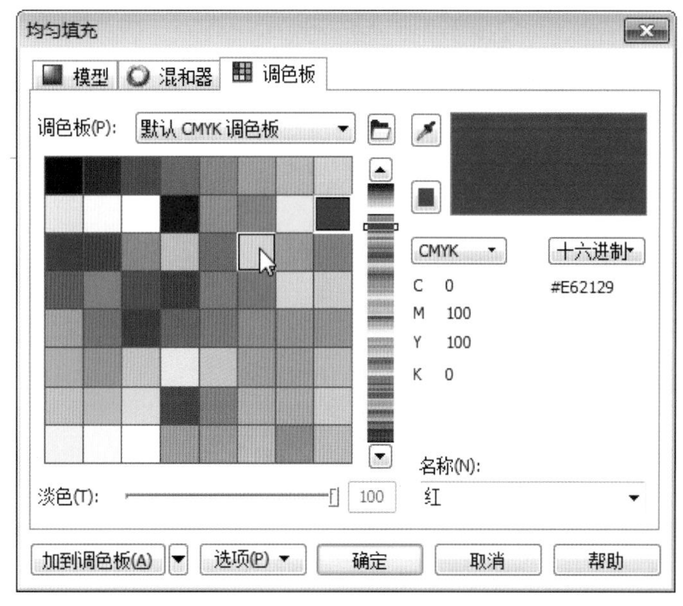

图 3-10 “均匀填充”对话框

“均匀填充”对话框提供了3种设置颜色的方式，分别是模型（颜色查看器）、混和器和调色板，选择其中任何一种都可以设置所需的颜色。

1. 使用“模型”选项卡

在 均匀填充 对话框打开 模型 选项卡后，可在 模型(E): 列表中选择需要的色彩模式，如图3-11所示，其中部分色彩模式的含义如下：

(1)CMYK：印刷时常用的色彩模式，C代表青色，M代表洋红，Y代表黄色，K代表黑色。大多数的印刷品都采用四色印刷，因此，在设计印刷作品时最好采用这种模式，既可节约印刷成本，又能符合印刷与设计的要求。

(2)RGB：三原色的色彩模式，R代表红色，G代表绿色，B代表蓝色。电脑屏幕上显示的色彩为RGB色彩模式。

(3) HSB：一种常用的颜色模式，H代表色相，S代表纯度（饱和度），B代表明度。

(4) 灰度：包括由白到黑共256个不同层次的灰色，适用于黑白图形与单色印刷的设计。

选择好色彩模式后，即可用鼠标直接拖动视图窗口中各色轴上的控制点，以得到各种颜色。当在颜色窗口中选择一种颜色后，右上角的预览区会显示出所选颜色的新旧对比。除此之外，在“均匀填充”对话框中还可以清晰地显示出颜色的具体参数，并可以对这些参数加以调整，从而得到所需的颜色。

图 3-11 “模型”选项卡

2. 使用“混和器”选项卡

在均匀填充对话框中打开混和器选项卡，可显示出该选项的参数，如图3-12所示。

在模型(E):的下拉列表中可以选择一种色彩模式，并通过调节大小(S):滑块来设置颜色块的多少。在色度(H):下拉列表中可以选择一种色相，在变化(V):下拉列表中可以选择颜色变化的趋向。

选择好颜色后，单击确定按钮，就可将选择的颜色填充到所选对象中。

3. 使用调色板

在均匀填充对话框中打开调色板选项卡，可显示出该选项的参数，如图3-13所示，从中可选择各种印刷工业中常见的标准调色板。

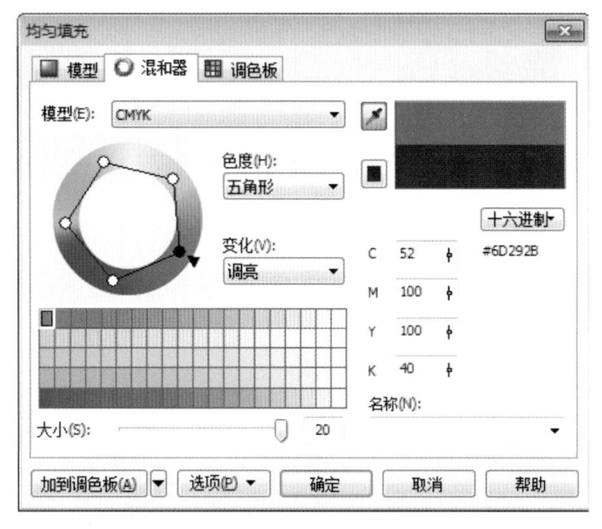

图 3-12 “混和器”选项卡

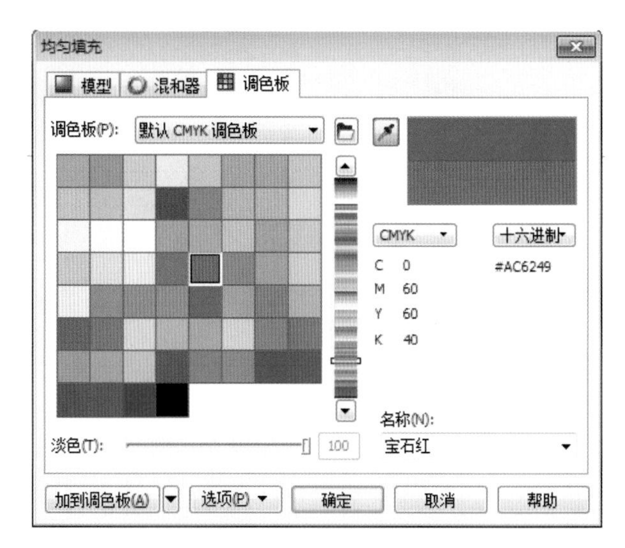

图 3-13 “调色板”选项卡

选择好颜色后，单击确定按钮，就可将选择的颜色填充到所选对象中。

3.3.3 渐变填充

CorelDRAW X6提供了线性、辐射、圆锥和正方形4种渐变填充方式，利用渐变填充工具可以制作出多种渐变效果。

在工具箱中的填充工具组中单击“渐变填充”按钮，弹出渐变填充对话框，如图3-14所示。

类型(T): 线性 下拉列表提供了4种渐变类型，如图3-15所示，从中可选择所需的渐变类型。

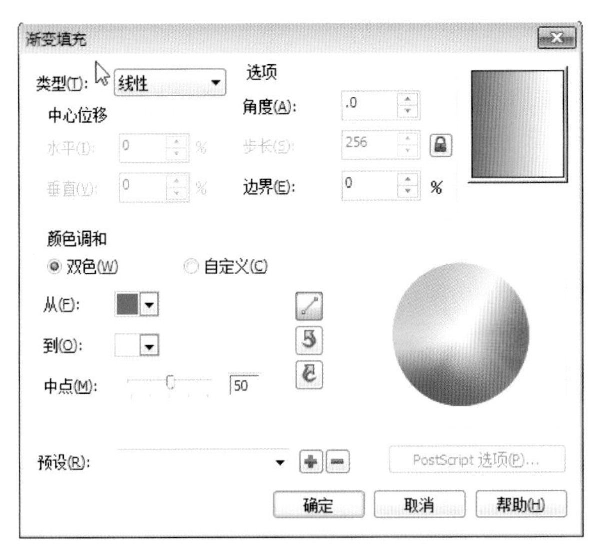

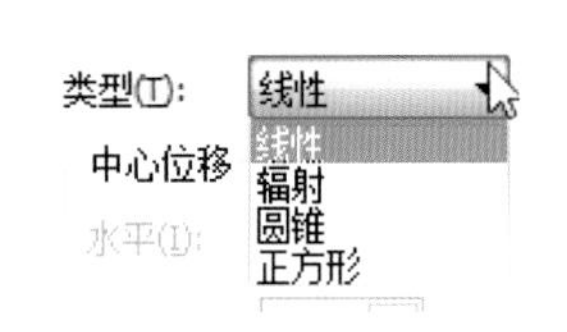

图3-14 “渐变填充”对话框　　图3-15 渐变类型下拉列表

线性：可将选择的颜色分别置于混合颜色的两边，然后逐渐向中心调和两种颜色，默认的两种调和色为黑色和白色，如图3-16所示。

辐射：由对象的边缘向中心辐射，可用来制作球体的反光效果，如图3-17所示。

圆锥：由对象的中心引出两条射线，将调和颜色分列两端，从而产生圆锥形的渐变效果，如图3-18所示。

正方形：此渐变填充与辐射渐变填充的原理类似，但它产生的是星光效果，如图3-19所示。

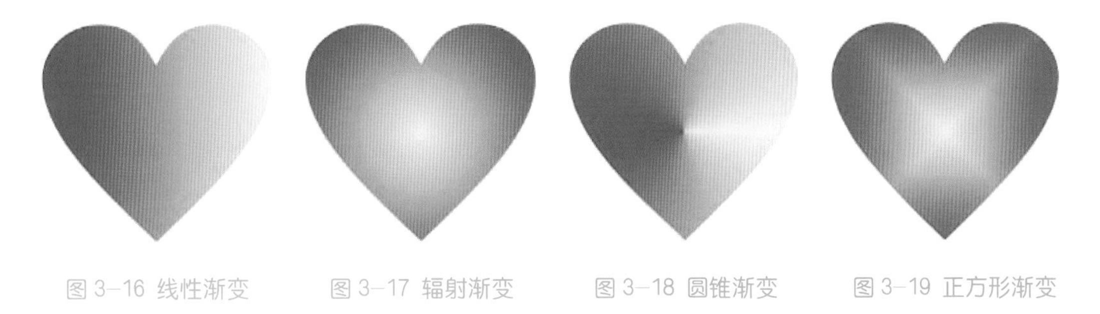

图3-16 线性渐变　图3-17 辐射渐变　图3-18 圆锥渐变　图3-19 正方形渐变

1. 双色渐变填充

在CorelDRAW X6中可以用两种颜色来调和渐变色。在渐变填充对话框中的颜色调和选项区中选中双色(W)单选按钮，其参数设置如图3-20所示。

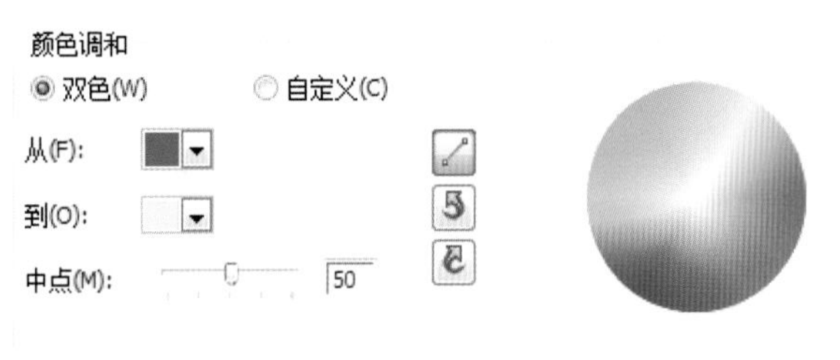

图3-20 “颜色调和”选项区（双色）

单击 从(F): 右侧的下拉列表框，可弹出调色板，从中可选择起始颜色；单击 到(O): 右侧的下拉列表框，可从弹出的调色板中选择终止颜色。

设置好颜色后，便可在渐变填充对话框右上角的渐变预览框中预览最终结果。

在颜色调和选项区中单击“直线”按钮，用两种在色轮上呈直线变化的颜色来填充图形；单击“顺时针”按钮，用两种在色轮上呈顺时针变化的颜色来填充图形；单击“逆时针”按钮，用两种在色轮上呈逆时针变化的颜色来填充图形。

在 中点(M): 微调框中输入数值或拖动滑块，可改变渐变填充的中心位置，如图3-21所示。

渐变中心点数值为 90　　渐变中心点数值为 1

图 3-21 渐变中心点变化对比

2. 自定义渐变样式

在渐变填充对话框中的颜色调和选项区中选中 自定义(C) 单选按钮，此时的颜色调和选项区如图3-22所示。

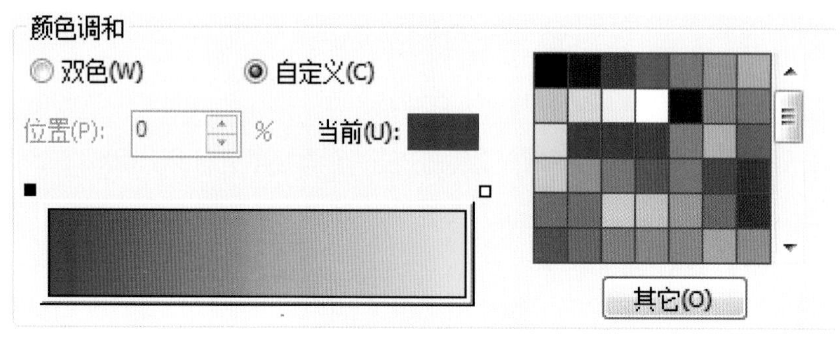

图 3-22 “颜色调和”选项区（自定义）

在图3-22所示选项区左下方的渐变预览条上方有两个小方块色标，黑色即为选中状态，在右侧的调色板中选择颜色，即可改变选中小方块处的颜色（即起始处的颜色）。

在渐变预览条上单击右上方的小方块色标，然后在右侧的调色板中选择颜色，即可改变终止处的颜色。

在渐变预览条上的两个小方块色标中间的任意位置双击，可添加一个新的色标，如图3-23所示。

使新的色标处于选中状态，然后在调色板中选择需要的颜色，即可在色标处添加所选的颜色，如图3-24所示。

在 位置(P): 微调框中输入数值，可改变渐变预览条上被选中色标在渐变预览条上所处的位置。最左边为0，最右边为100%。

在渐变预览条上方再次双击，可继续添加色标，并可在右侧的调色板中选择相应的颜色来改变所选中的色标处的颜色。

如果对新增的颜色不满意，在渐变预览条上方双击所添加的色标，即可将添加的色标删除。

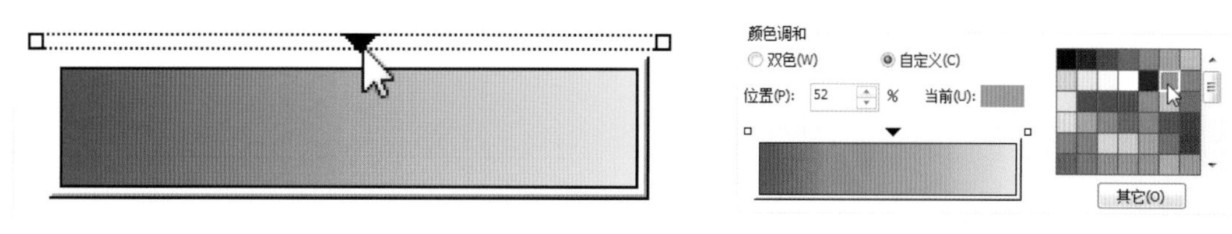

图 3-23　添加色标　　　图 3-24　设置色标颜色

3. 设置渐变选项

在渐变填充对话框中的选项 区域中可设置渐变的角度、步长与边界填充，如图3-25所示。

在角度(A): 微调框中输入数值，可设置线性、圆锥或正方形填充渐变颜色的角度。当输入数值为正值时按逆时针旋转，当输入数值为负值时按顺时针旋转。在此，输入数值40，渐变效果如图3-26所示。

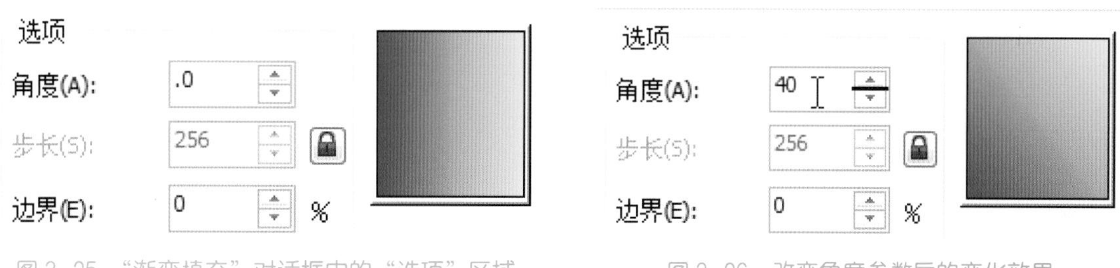

图 3-25　“渐变填充”对话框中的“选项”区域　　　图 3-26　改变角度参数后的变化效果

单击步长(S):微调框右侧的按钮，可使该微调框处于可用状态，即可以设置步长值。增加步长值，可以使色调更平滑但会延长打印时间；减少步长值，可以提高打印速度，但会使色调变得粗糙，且使颜色的过渡不平滑。改变步长值前后的效果如图3-27所示。

在边界(E): 微调框中输入数值，可设置线性、辐射、正方形填充的渐变色调和比例，其取值范围为0～49，数值越小，边界颜色的影响范围就越小。设置数值为49时，渐变色将变为起始颜色和终止颜色控制的实色块。不同边界值的填充效果如图3-28所示。

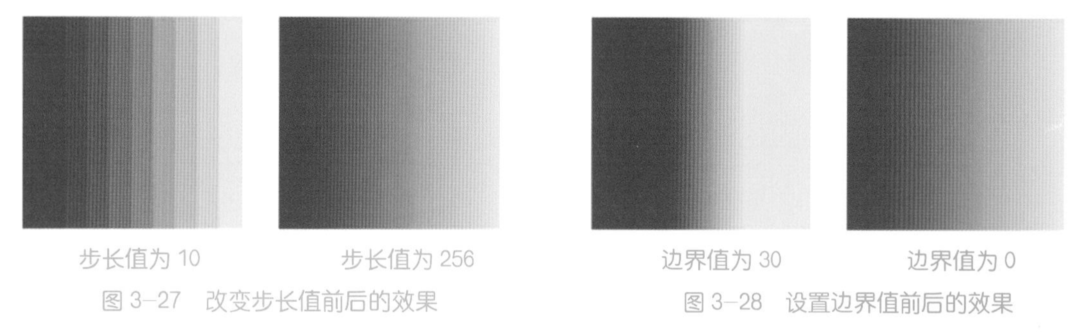

步长值为 10　　步长值为 256　　边界值为 30　　边界值为 0

图 3-27　改变步长值前后的效果　　　图 3-28　设置边界值前后的效果

CorelDRAW X6提供了很多的预设渐变样式，可以在渐变填充对话框中的 预设(R): 下拉列表中进行选择，这些样式预先设置了颜色、中心位置及旋转角度，并且确定了旋转的类型，可以根据需要进行调整。

单击 预设(R): 右侧的下拉列表框，可弹出其下拉列表，从中可以选择一种预设样式，此时可在预设框与渐变预览条中看到相应的渐变样式。选择好预设的渐变样式后，可在渐变填充对话框中对所选预设渐变样式的类型、中心位置及旋转角度进行修改，单击确定按钮，可完成渐变填充，如图3-29所示。

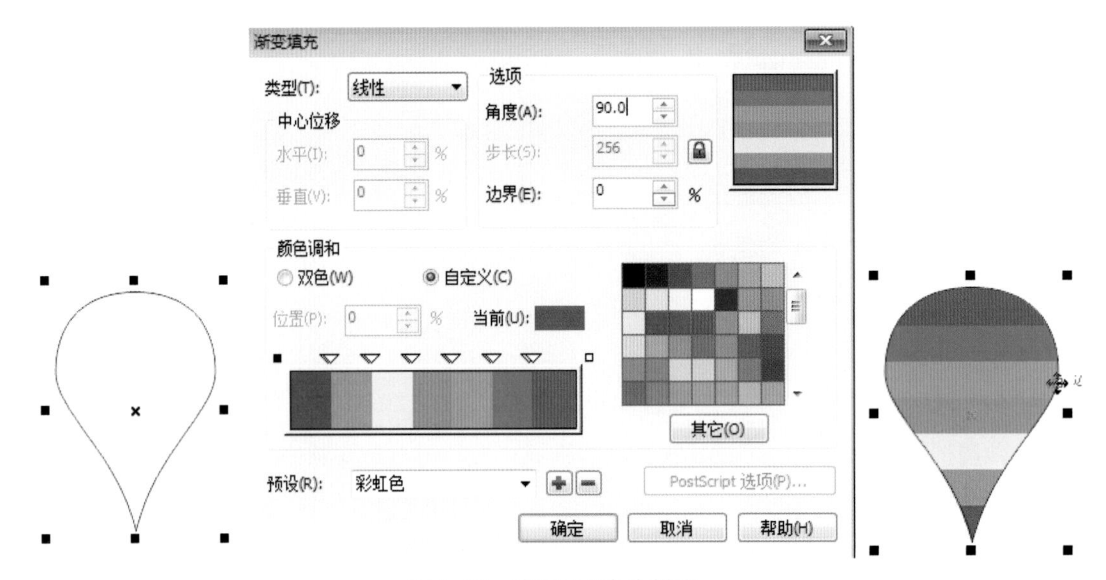

图 3-29 填充预设渐变样式

3.3.4 图案的填充

CorelDRAW X6提供了图案填充功能，此填充方式可将预设图案以平铺的方式填充到图形中，使用图案填充可以设计出多种漂亮的填充效果。图案填充包括双色填充、全色填充和位图填充。

1. 双色填充

双色填充可使用由两种颜色构成的图案进行填充。单击工具箱中填充工具组中的“图样填充”按钮，弹出图样填充对话框，选中双色(C)单选按钮，可显示该选项的参数，如图3-30所示。

单击图案下拉列表框，弹出其下拉列表，从中可以选择预设的图案，如图3-31所示。

图 3-30 “图样填充”对话框

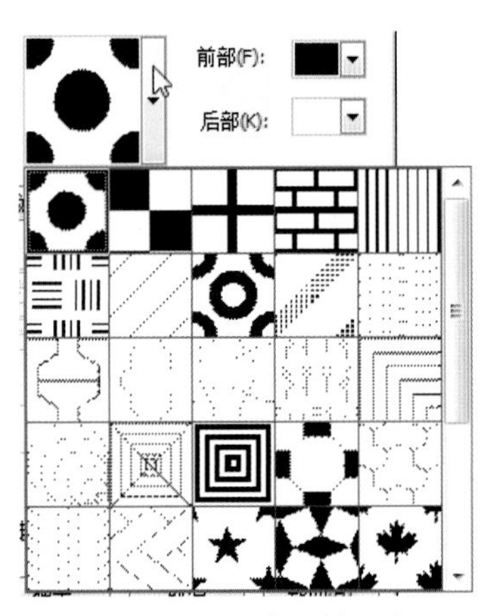

图 3-31 图案下拉列表

分别单击 前部(F): 与后部(K): 右侧的下拉按钮，从弹出的调色板中选择双色图案所需的颜色。

在原始选项区中，通过设置X,Y微调框中的数值，可设置填充中点所在的坐标位置。

在 大小选项区中，通过设置宽度(W):与 高度(I): 的数值，可以设置图案的大小。

在 行或列位移 选项区中，选中 ◉行(O) 单选按钮，可设置行平铺尺寸的百分比；选中 ◉列(U) 单选按钮，可设置列平铺尺寸的百分比；输入 0 %平铺尺寸 的数值，可指定行或列错位的百分比。

在 变换 选项区中，通过设置 倾斜(S):与 旋转(R):的数值，可以改变图案的倾斜角度与旋转角度。

设置好各选项参数后，单击 确定 按钮，填充双色图案后的效果如图3-32所示。

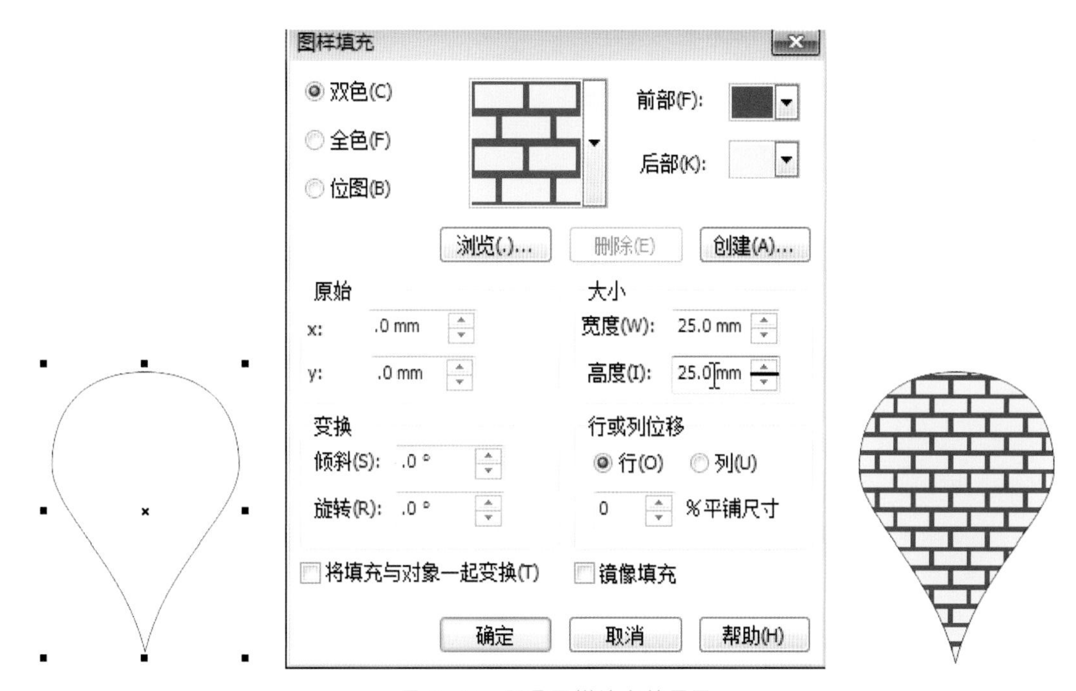

图 3-32　双色图样填充效果图

2. 全色填充

全色填充与双色填充非常相似，全色图案支持更多的颜色，它使用两种以上的颜色和灰度填充对象。全色图案可以是矢量图案，也可以是位图图案。在 图样填充 对话框中选中 ◉全色(F) 单选按钮，可显示出该选项的参数，如图3-33所示。

单击图案下拉列表 ，可从弹出的下拉列表中选择预设的全色图案。设置其他选项的参数，单击 确定 按钮，即可将所选的全色图案填充到对象中，如图3-34所示。

也可以从外部导入一幅图像，将其转换为全色图案填充到图形对象中，其具体的操作如下：

(1)在 图样填充 对话框中选中 ◉全色(F) 单选按钮，单击 浏览(.)... 按钮，弹出 导入 对话框，从中选择一幅需要导入的图像。

(2)单击 导入 按钮，在 图样填充 对话框中的图案下拉列表中可显示导入的图案，单击 确定 按钮，即可将该图案填充到所选的图形对象中。

图 3-33 “图样填充”对话框（全色）

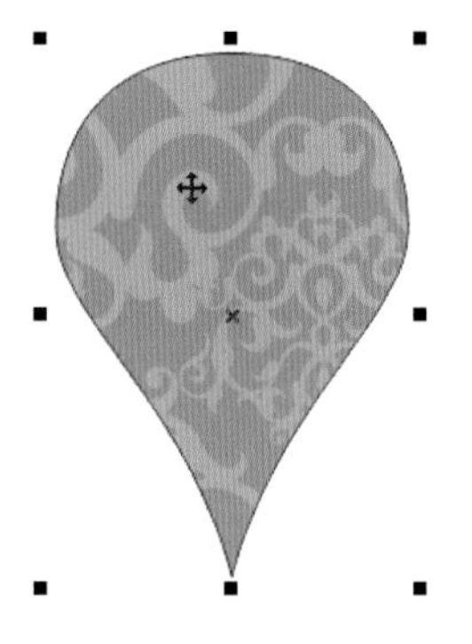

图 3-34 全色图案填充

3. 位图填充

要使用位图图案填充对象，可在 图样填充 对话框中选中 位图(B) 单选按钮，然后在图案下拉列表中选择需要的预设图案，或单击 浏览(.)... 按钮，从弹出的 导入 对话框中选择位图图像，单击 导入 按钮，即可将其导入为位图图案，在 图样填充 对话框中设置其他选项参数，单击 确定 按钮，即可为对象填充位图图案。

3.3.5 底纹填充

底纹填充可以将各种材料底纹、材质或纹理填充到对象中。在工具箱中单击填充工具组中的“底纹填充”按钮，弹出 底纹填充 对话框，如图3-35所示。

在 底纹库(L): 下拉列表中可以选择不同的底纹库，在 底纹列表(T): 下拉列表中可以选择底纹样式，并可根据所选的底纹样式在对话框右侧设置底纹的亮度及密度等参数，以产生各种不同的底纹图案。

在 底纹填充 对话框中选择并设置好底纹样式后，单击 选项(O)... 按钮，弹出 底纹选项 对话框，如图3-36所示，在 位图分辨率(R): 下拉列表中可选择所需的分辨率，也可直接输入数值来改

图 3-35 “底纹填充”对话框

变位图的分辨率。

在 底纹填充 对话框中单击 预览(V) 按钮，所选的底纹样式会立即发生变化。设置完成后，单击 确定 按钮，即可将所选的底纹填充到所选对象中。

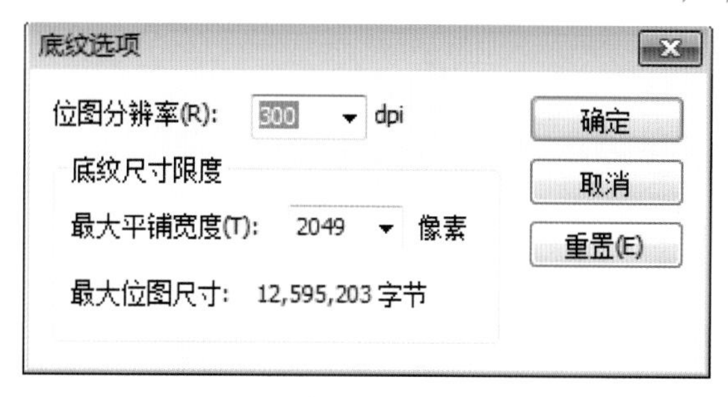

图 3-36 “底纹选项”对话框

3.3.6 PostScript填充

PostScript底纹是用PostScript语言编写出的一种特殊底纹。在填充工具组中单击“PostScript填充”按钮，弹出 PostScript 底纹 对话框，如图3-37所示。

在此对话框中选中 预览填充(P) 复选框，以便选择底纹样式。在该对话框左侧的下拉列表中选择填充样式，然后在 参数 区设置PostScript底纹的相关参数，单击 刷新(R) 按钮，可预览设置后的效果，设置完成后，单击 确定 按钮，即可将所选的PostScript底纹填充到所选对象中，如图3-38所示。

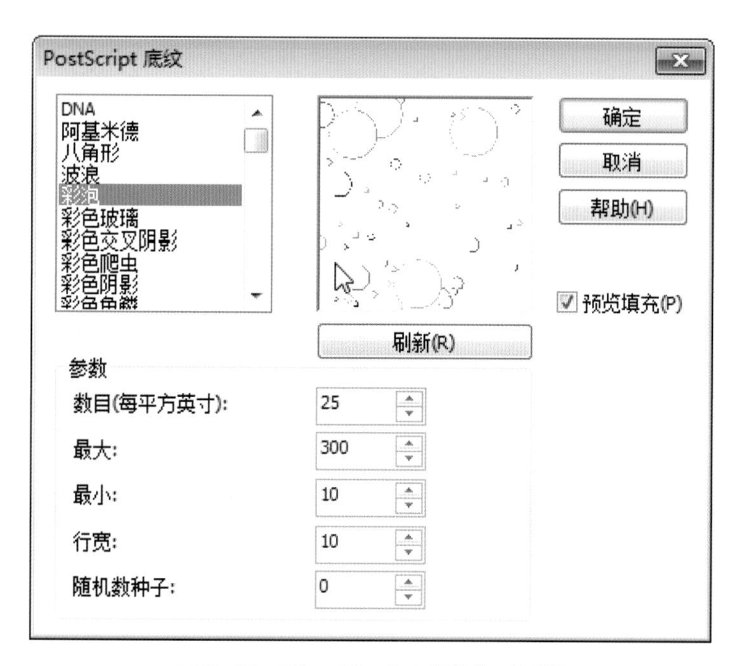

图 3-37 “PostScript 底纹”对话框

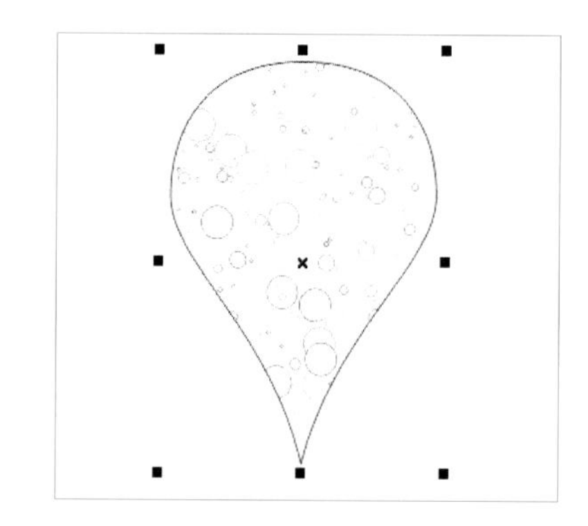

图 3-38 PostScript 底纹填充效果

3.4 应用实例——卡通形象的制作

1. 创作目的

制作卡通形象，最终效果如图3-39所示。

图 3-39 卡通形象最终效果图

2. 创作要点

创作本例时，主要用到了贝塞尔工具、填充工具等。

3. 创作步骤

(1) 新建一个图形文件（大小为100mm×100mm），单击工具箱中的“贝塞尔工具”按钮，在绘图区中拖动鼠标绘制图3-40所示的图形，即卡通形象的头。

(2) 单击填充工具组中的“均匀填充”按钮，弹出均匀填充对话框，设置其填充颜色为RGB（101,49,25），如图3-41所示，单击确定按钮。

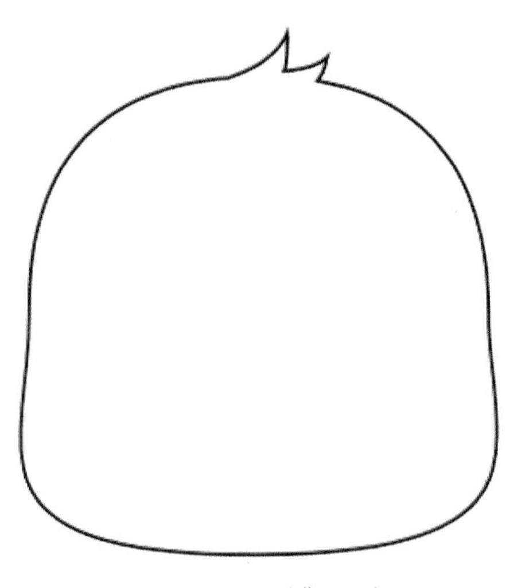

图 3-40 绘制图形

图 3-41 均匀填充参数设置 [RGB(101,49,25)]

(3) 使用贝塞尔工具绘制卡通形象的脸部效果。单击“均匀填充”按钮，弹出均匀填充对话框，设置其填充颜色为RGB（253,237,217），如图3-42所示。最终效果如图3-43所示。

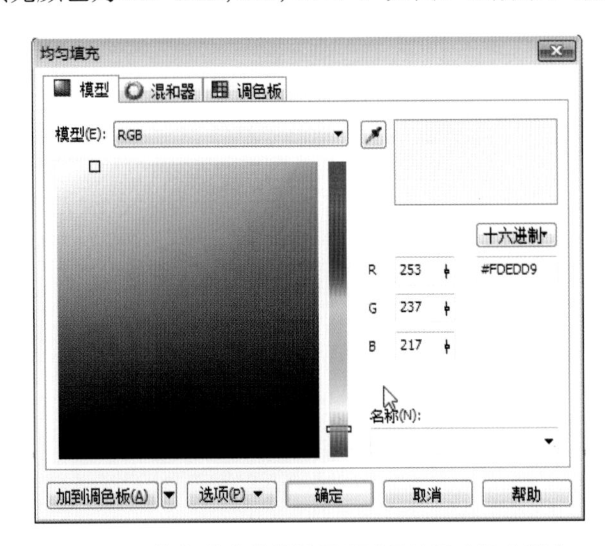

图 3-42 均匀填充参数设置 [RGB(253,237,217)]

图 3-43 均匀填充效果图

(4)选择椭圆形工具，按住Ctrl键，绘制正圆，设置其属性栏参数，如图3-44所示。使用挑选工具选中正圆，然后再左键单击颜色面板上的取消键，取消其填充色。单击“轮廓笔”按钮，弹出“轮廓笔”对话框，设置其颜色为CMYK（44,73,93,7），宽度为0.5mm，如图3-45所示。设置后的效果如图3-46所示。

图 3-44　椭圆形工具属性栏参数

(5)按住Ctrl键再次绘制正圆，单击填充工具组中的“渐变填充”按钮，为刚绘制的正圆填充渐变色。如图3-47所示，渐变类型为线性，渐变角度为-90.0°，颜色调和为双色，从(F): R34、G23、B26，到(O): R89、G52、B35，渐变填充的效果如图3-48所示。最后调整其大小与位置关系，效果如图3-49所示。

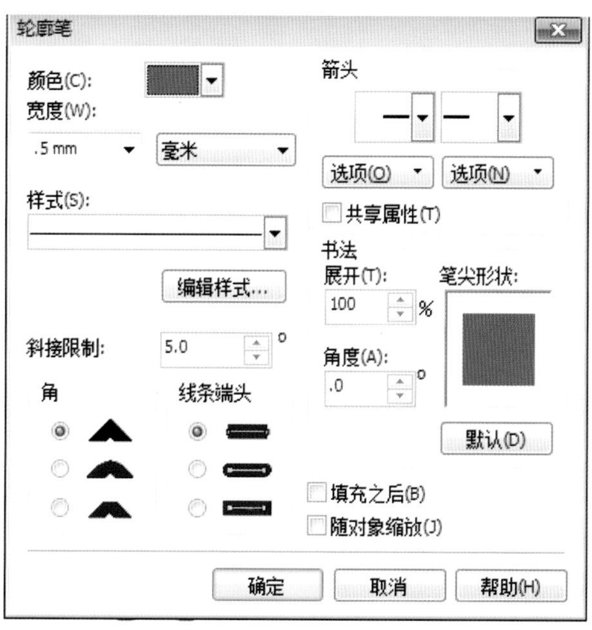

图 3-45　“轮廓笔”参数

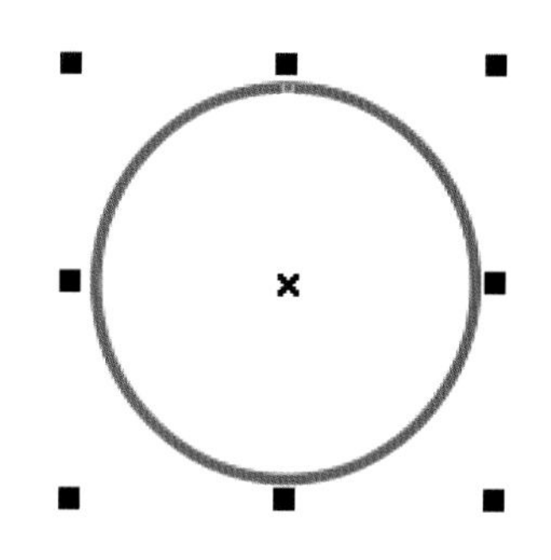
图 3-46　设置正圆轮廓颜色效果图

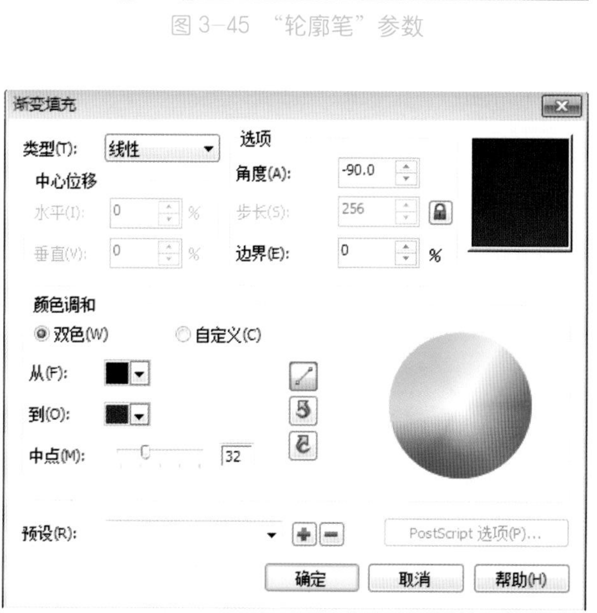

图 3-47　渐变填充参数设置

图 3-48　渐变填充效果

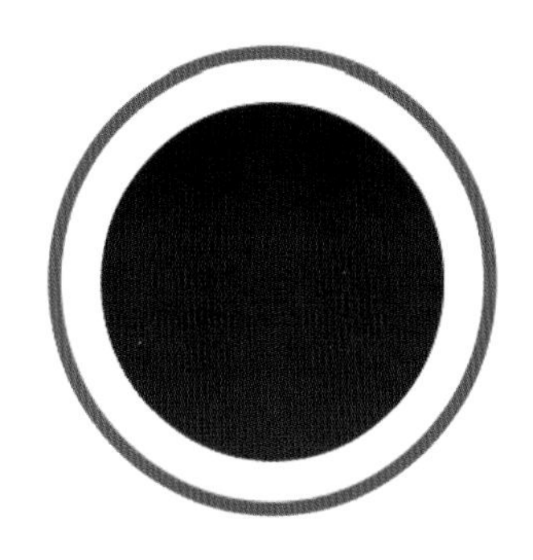
图 3-49　调整其大小与位置关系

图 3-50　眼部效果图

(6)使用同样的方法绘制眼部高光效果，填充颜色为白色并取消其轮廓色，最后调整其大小与位置关系，效果如图3-50所示。

(7)按住鼠标左键不放，框选住所有眼部结构，单击属性栏中的“群组”按钮，群组所有眼部结构。

(8)选择眼睛，按“Ctrl+C”键复制，再按“Ctrl+V”粘贴，制作另一只眼睛效果，调整所绘对象大小及位置关系。

(9)使用手绘工具绘制卡通形象的眉毛，并使用轮廓笔调整其宽度为1mm，颜色为CMYK（44,73,93,7），调整所绘对象的位置关系，效果如图3-51所示。

图 3-51　效果图示意

(10)使用贝塞尔工具绘制卡通形象的嘴部区域，填充颜色为C44、M73、Y93、K7，并取消轮廓线。

(11)使用贝塞尔工具绘制卡通形象的嘴部区域，填充颜色为R243、G165、B174，并设置轮廓线宽度为0.9mm，颜色为R236、G134、B133，调整所绘对象的位置关系，最终效果如图3-39所示。

第 4 章 对象的控制

学习目标

在CorelDRAW X6中，对象的操作既是基础的知识，又是很重要的知识。本章将主要介绍对象的选取、基本操作、变换、顺序、合并与群组及造形等操作。

学习要点

◎对象的选取
◎对象的基本操作
◎对象的变换
◎对象顺序
◎对象的合并与群组
◎对象的造形

4.1 对象的选取

在对图形对象进行编辑前，通常要先选中对象。当用户选中对象后，对象中心周围会出现8个黑点，称为控制手柄，同时，在中心会出现一个“×”符号，用来表示对象的中心位置，如图4-1所示。

4.1.1 普通选取

普通选取是指简单地选取对象，包括对象的单击选取、增加或取消选取对象、框选对象。

1. 对象的单击选取

在工具箱中选择挑选工具，其属性栏如图4-2所示。

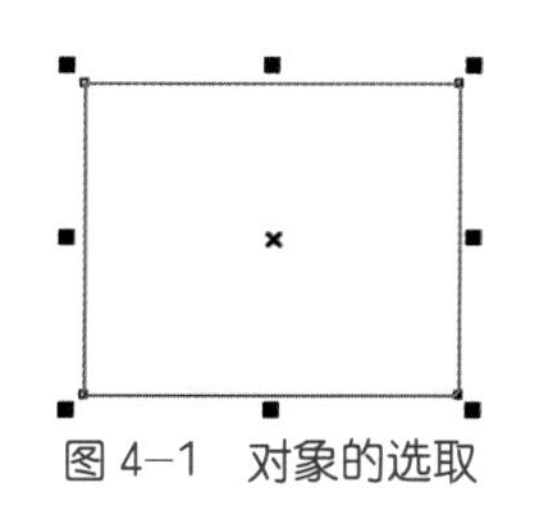

图 4-1 对象的选取

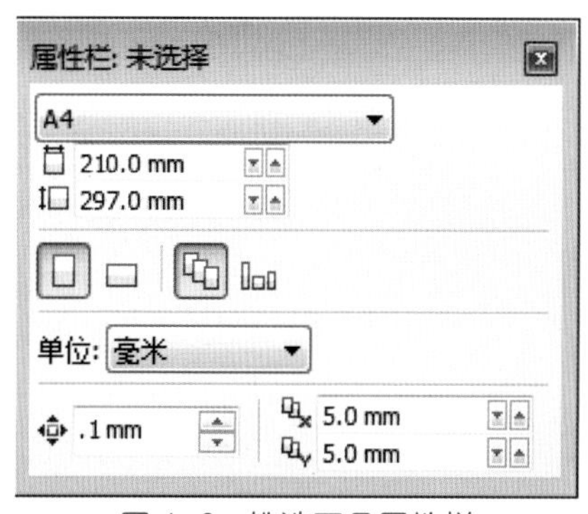

图 4-2 挑选工具属性栏

空格键是挑选工具的快捷键，在使用其他工具时，按下空格键可以快速切换到挑选工具，再按一下空格键则切换回原来的工具。

2. 增加或取消选取对象

当选中一个对象后，需要增加选取其他对象时，可按住“Shift”键，单击要加选的其他对象，即可选取多个图形对象。

当选中多个对象后，需要取消部分对象的选取，可按住“Shift”键，单击需要取消选取的图形对象，即可取消该对象的选取。

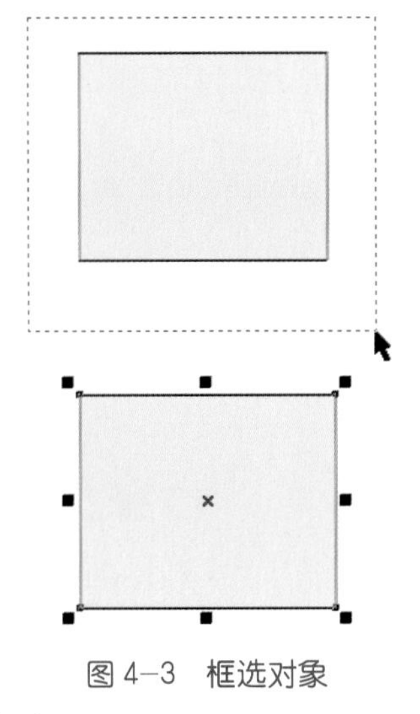

图 4-3　框选对象

3. 框选对象

选择挑选工具后，按下鼠标左键在页面中拖动，将所有的对象框在蓝色虚线框内，则虚线框中的对象将被选中，如图4-3所示。

在框选对象时，要求将所有的对象框在蓝色虚线框内；若按下“Alt”键不放，按下鼠标左键在页面中拖动，只要蓝色虚线框“接触”到的图形对象都可被选中，如图4-4所示。

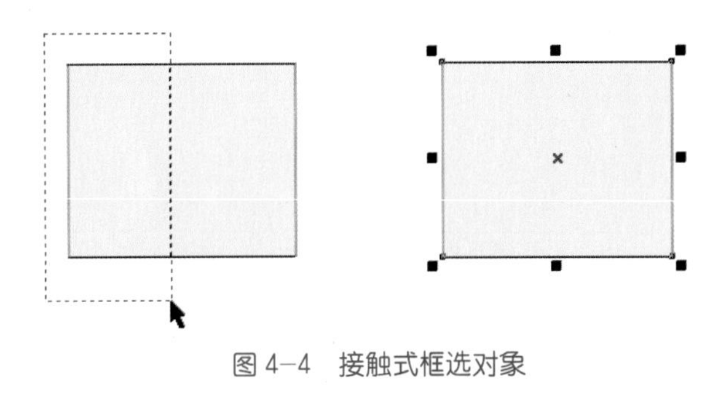

图 4-4　接触式框选对象

4.1.2　特殊选取

特殊选取是指选取重叠的对象或多层次的对象，包括使用“Alt”键和使用“Tab”键选取对象。

1. 使用“Alt”键选取重叠对象

在选取重叠的对象，特别是完全被覆盖的对象时，使用普通选取方法很难选中，这时就要利用“Alt”键来选取重叠对象。其方法是：按住“Alt”键不放，用挑选工具单击想要选取的图形对象，每单击一次，选取的都是前一个对象下面的对象，当选定到最底层时，顶层的对象又被选中，依次循环。图4-5所示是由小到大、由底层到顶层绘制的心形，用户可以按住“Alt”键不放，在心形的公共部分上(即最小的心形上)单击鼠标，来依次选中每一个心形。

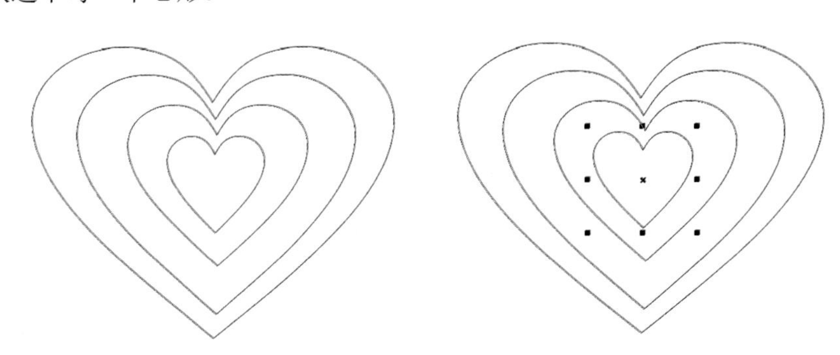

图 4-5　利用“Alt”键选取重叠对象

2. 使用“Tab”键选取对象

选择挑选工具后，按下键盘上的“Tab”键，最后绘制的图形就会被自动选中，再次按下“Tab”键，系统就会自动按照对象创建的顺序，从最后绘制的对象开始依次选择对象；如果同时按下“Tab”键和“Shift”键，系统则会从开始绘制的第一个对象开始依次选择对象。

4.2 对象的基本操作

对象的剪切、复制、粘贴、再制与删除是CorelDRAW X6中常用的基本操作，利用这些基本操作，用户可以轻松地完成看似复杂的绘图。

4.2.1 对象的剪切、复制与粘贴

对象的剪切和复制是将对象复制到剪贴板上的过程，而对象的粘贴是将剪贴板上的对象复制到CorelDRAW X6绘图页中的过程。用户可以利用标准工具栏中的“剪切”按钮、“复制”按钮和“粘贴”按钮来完成相应的操作。

对象的剪切、复制与粘贴操作常使用的快捷键分别为“Ctrl+X”、“Ctrl+C”和“Ctrl+V”。

只有执行了剪切或复制命令，才能够激活“粘贴”按钮。选择“复制”→“粘贴”命令后，复制对象与原对象是重叠在同一个位置上的。在复制时也可以仅仅复制对象某一种属性，如填充、轮廓色或轮廓笔。这时可通过选择菜单中的 编辑(E) → 复制属性自(M)... 命令，打开图4-6所示的“复制属性”对话框，在其中选择需要复制的属性进行复制。

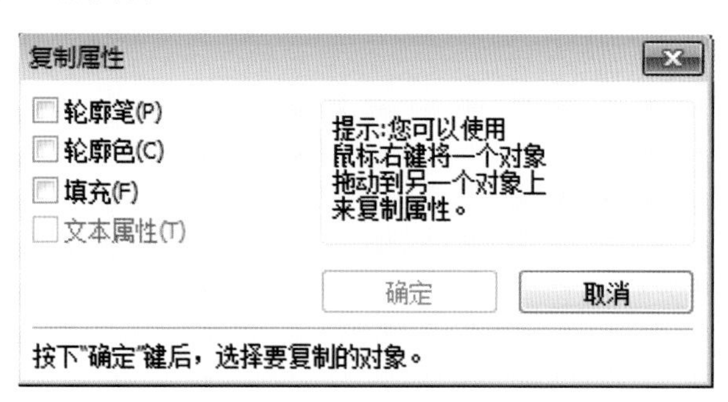

图 4-6 “复制属性”对话框

4.2.2 对象的再制

对象的再制与复制功能相似，与复制不同的是，再制是将对象复制到偏离初始位置的右上角，其功能相当于“复制+粘贴”。其操作方法是：选中一个需要再制的对象，然后选择菜单中的 编辑(E) → 再制(D) 命令，即可在原对象的右上角再制出一个所选对象，如图4-7所示。

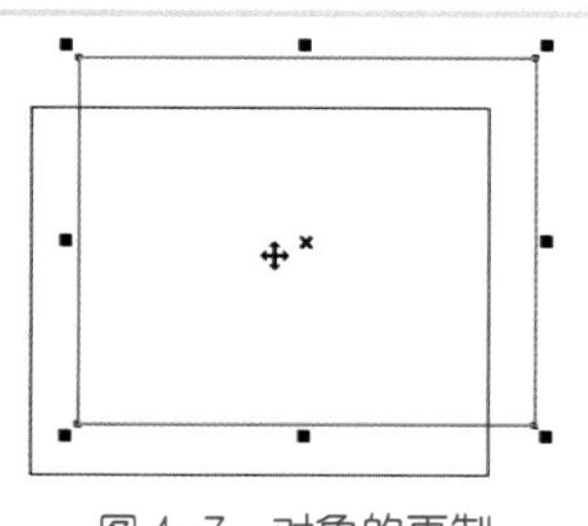

图 4-7 对象的再制

用户可以用快捷键“Ctrl+D”来再制对象，此时再制的对象与原对象之间有一定的距离；用户还可以按小键盘上的“+”键来再制对象，此时再制的对象与原对象是完全重合的。

4.2.3 对象的删除

删除对象的操作非常简单，其操作方法是选中对象后选择菜单中的 编辑(E) → 删除(L) 命令或按“Delete”键即可。

在对对象进行了一些操作后，如果想删除上一步操作，按“Ctrl+Z”键，不断地按“Ctrl+Z”键可一步步地撤销上一步操作。有时会出现撤销步骤过多的情况，这时可按“Ctrl+Shift+Z”键。当选中一个对象并对其进行任何一种操作后，希望继续进行与上一步相同的操作可按“Ctrl+R”键来完成。

4.3 对象的变换

对象的移动、旋转、倾斜、缩放、镜像等操作都可以通过“变换”泊坞窗中的选项进行设置，以得到更精确的变换效果。

选择菜单栏中的 窗口(W) → 泊坞窗(D) → 变换 命令，在“变换”命令的子菜单中就包含了“位置”“旋转”“缩放和镜像”“大小”和“倾斜”5个功能命令，单击其中一个即可打开相应的“变换”泊坞窗，效果如图4-8所示。

在变换选项设置完毕后，单击 应用 按钮，即可将变换效果应用到对象上。

在CorelDRAW X6中可以对对象进行各种变换操作，包括改变对象的位置、大小，以及旋转、缩放、倾斜对象。

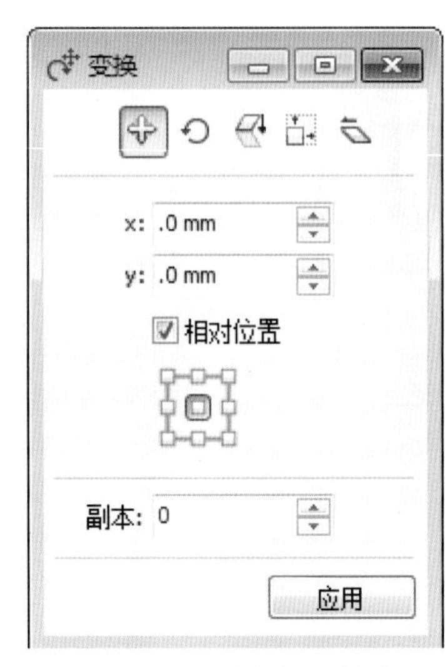

图 4-8 “变换”泊坞窗

4.3.1 对象的位移

要移动对象的位置，可直接使用鼠标移动对象，也可通过属性栏中的参数设置来精确移动对象。

1. 使用鼠标移动对象

选择需要移动的对象后，将鼠标光标移至对象的中心位置，此时光标显示为✥形状，按住鼠标左键并拖动，即可移动所选择的对象。如果按住“Ctrl”键的同时使用鼠标左键拖动对象，对象只在水平或垂直

方向上移动。

2. 精确移动对象

如果要精确移动对象，可在选择对象后，在属性栏中设置水平与垂直方向的坐标值，也可选择菜单栏中的排列(A)→变换→位置(P)命令，打开变换泊坞窗（见图4-8）。

选中☑相对位置复选框，再选中对象位置指示器中的原点，系统将以所选对象的中心位置作为坐标原点，此时，在x: .0 mm与y: .0 mm微调框中输入相应数值即可改变对象的坐标位置。设置好参数后，单击应用按钮，即可按所设置的参数精确地移动对象。

4.3.2 对象的旋转

旋转对象的方法有两种：一种是使用鼠标旋转；另一种是使用“变换”泊坞窗旋转。

1. 使用鼠标旋转对象

选择挑选工具，将鼠标指针移至对象上并双击鼠标左键，此时，对象周围将显示出8个双向箭头，并在中心位置显示一个小圆圈，即对象的旋转中心。

将鼠标指针移至对象四角的任意一个旋转符号上，此时鼠标指针显示为形状，按住鼠标左键并沿顺时针或逆时针方向拖动，即可使对象绕着旋转中心进行旋转，如图4-9所示。

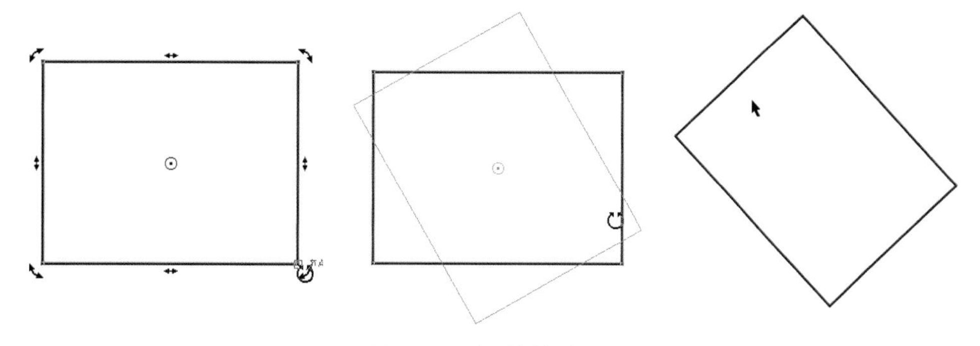

图4-9　对象旋转过程图

也可先改变旋转中心的位置，然后再旋转对象，这就会使对象围绕新的旋转中心进行旋转，如图4-10所示。

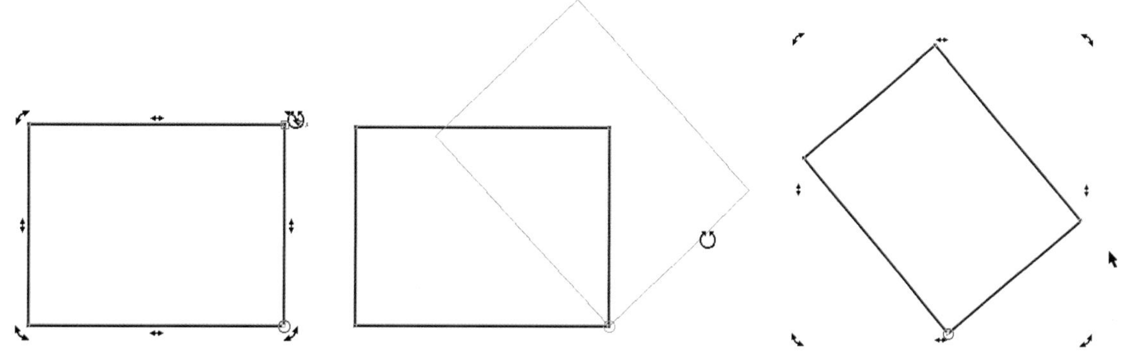

图4-10　调整旋转中心位置后再旋转对象

2. 使用“变换”泊坞窗旋转对象

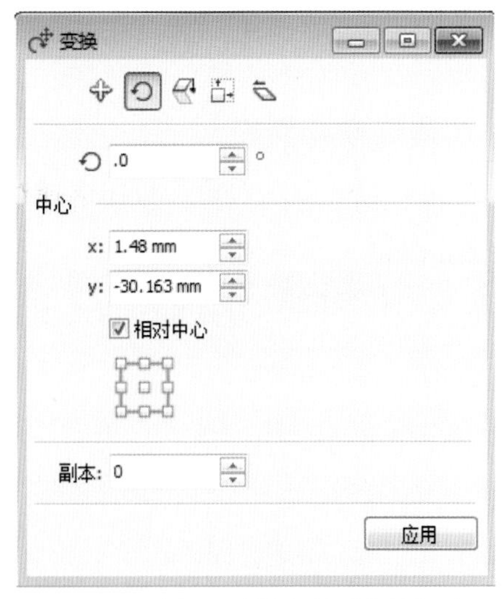

图 4-11 “变换”泊坞窗的“旋转”选项

在页面中选择所要旋转的对象，然后选择 排列(A) → 变换 → 旋转(R)，打开“变换”泊坞窗“旋转”选项，如图4-11所示。

在旋转角度 .0 ° 微调框中输入数值，可设置所选对象的旋转角度；在 x: 126.628 mm 与 y: 197.039 mm 中输入数值，可设置对象的旋转中心；选中 相对中心 复选框，可在下方的指示器中选择旋转中心的相对位置。

设置好参数后，单击 应用 按钮，即可按所设置的值旋转对象，如图4-12所示。

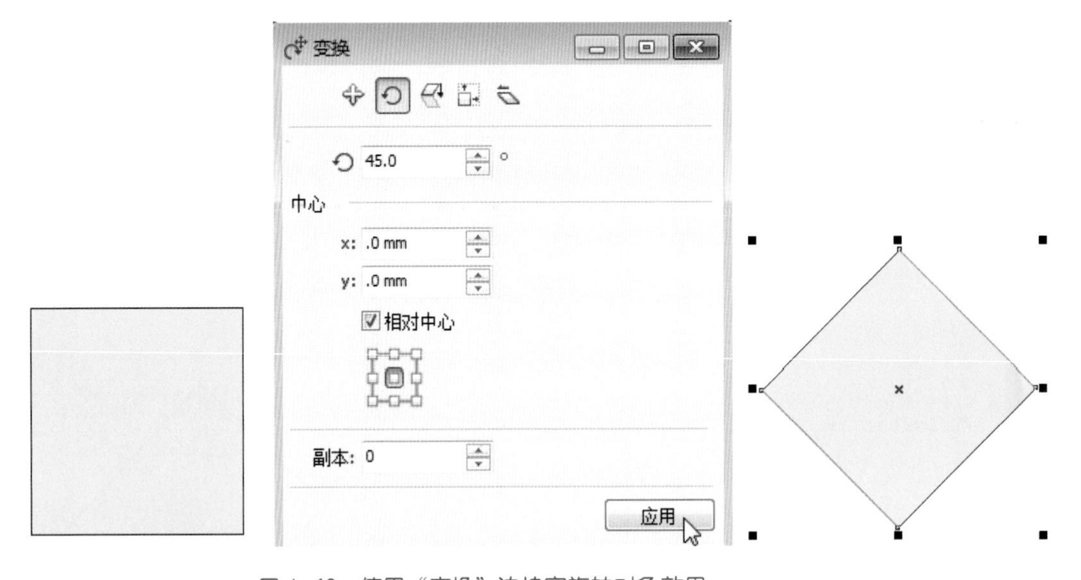

图 4-12 使用“变换”泊坞窗旋转对象效果

4.3.3 对象缩放和镜像

如果需要将对象进行缩放或镜像操作，可在“变换”泊坞窗中单击“缩放和镜像”按钮，这时泊坞窗中会显示出相应的参数，如图4-13所示。

在 x: 100.0 与 y: 100.0 框中输入数值，可设置对象在水平与垂直方向上的缩放比例；选中 按比例 复选框，表示可以将对象进行成比例的缩放设置；在对象缩放指示器中可以选择对象缩放的方向。

单击“变换”泊坞窗“缩放和镜像”选项中的“水平镜像”按钮，可将所选对象进行水平镜像；单击“垂直镜像”按钮，可将所选对象进行垂直镜像。

设置好参数后，单击 应用 按钮，即可缩放与镜像所选对象，如图4-14所示。

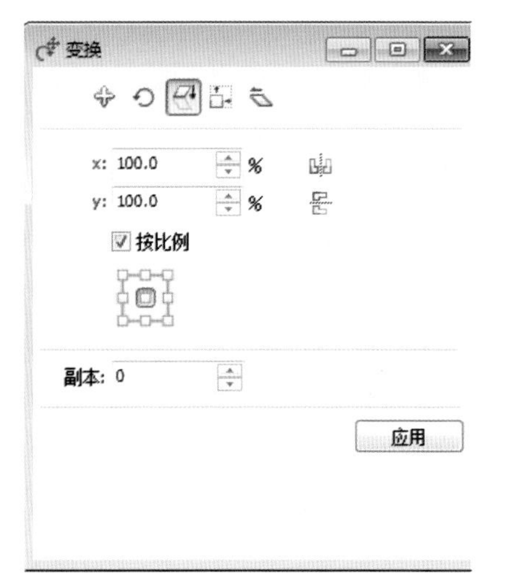

图 4-13 “变换”泊坞窗的“缩放和镜像”选项

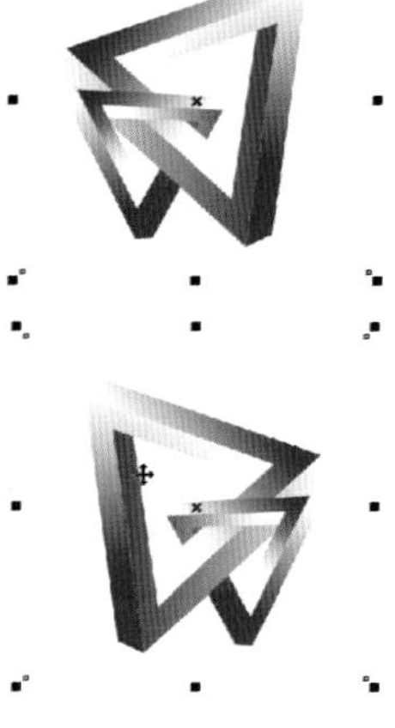

图 4-14 缩放和镜像对象

4.4 对象的顺序

CorelDRAW X6提供了对象的对齐与分布和对象的排序功能，使用这些功能可自如地对对象进行排序。

4.4.1 对象的对齐与分布

对象的对齐与分布，就是将一系列对象按照一定的规则排列，以达到更好的视觉效果。当绘图页面中包含多个对象时，要使各对象相互对齐、整齐分布，就可以使用对齐与分布功能。

图 4-15 “对齐与分布”对话框

1. 图形的对齐

选择菜单栏中的排列(A)→对齐和分布(A)命令，或在属性栏中单击“对齐和分布”按钮，弹出对齐与分布...对话框，如图4-15所示。

在“对齐与分布”对话框中，可以选择的对齐方式在垂直方向有左对齐、右对齐和垂直中心对齐，在水平方向有上对齐、下对齐和水平中心对齐。水平对齐方式与垂直对齐方式既可配合使用，也可单独使用。

2. 图形的分布

分布功能主要用于控制多个图形对象之间的距离。图形对象可以根据所做的设置均匀分布在绘图页面范围或选定的范围内。

要分布对象，其具体的操作方法如下：

(1)单击工具箱中的“挑选工具”按钮，在绘图区中选择需要对齐的两个或多个对象。

(2)选择菜单栏中的 排列(A) → 对齐和分布(A) 命令，弹出 对齐与分布... 对话框。

(3)设置对象在水平或垂直方向上的分布方式，其中，水平分布方式分为左分散排列、水平分散排列中心、右分散排列与水平分散排列间距4种方式，垂直分布方式分为顶部分散排列、垂直分散排列中心、底部分散排列与垂直分散排列间距4种方式。

(4)选择所需效果，设置完毕后，单击“应用”按钮，可设置所选对象的水平间距相等，如图4-16所示。

在实际绘图过程中，对象的对齐与分布经常是同时进行的，此时就需要在“对齐与分布”对话框中同时对对象进行对齐与分布设置。

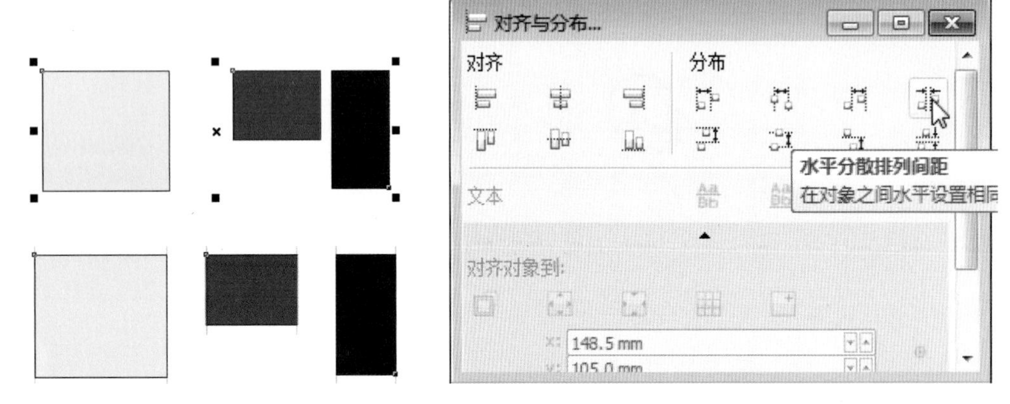

图 4-16 多个对象的间距调整

4.4.2 对象顺序的调整

在CorelDRAW X6中绘制的图形对象都存在着重叠关系，如在绘图区中的同一位置先后绘制两个不同的图形对象，最后绘制的对象将在最上层，而最先绘制的对象将在最底层。

使用顺序功能可以安排多个图形对象的前后顺序，也可以通过图层来调整对象的叠放顺序。

选择菜单栏中的 排列(A) → 顺序(O) 命令，弹出其子菜单，如图4-17所示，从中选择相应的命令可以轻松地调整对象的叠放顺序。改变对象的顺序就是将对象上移一层、下移一层或移到最顶层或最底层。

图 4-17 排序的扩展命令

选择“到页面前面”命令，可将选中的图形对象放置于绘图页面中所有对象的最前面。

选择“到页面后面”命令，可将选中的图形对象放置于绘图页面中所有对象的最后面。

选择“向前一层”命令，可将选中的图形对象向前移动一层。

选择“向后一层”命令，可将选中的图形对象向后移动一层。

选择“置于此对象前”命令，可将选中的图形对象置于指定对象的前面。

选择“置于此对象后”命令，可将选中的图形对象置于指定对象的后面。

选择“逆序”命令，可将选中的图形对象按相反的顺序排列。

使用挑选工具选中绘图页面（见图4-18（a））中的圆形对象，然后选择菜单栏中的排列(A)→顺序(O)→到页面前面(F)命令，此时，圆形对象将被排列到最前面，如图4-18（b）所示。

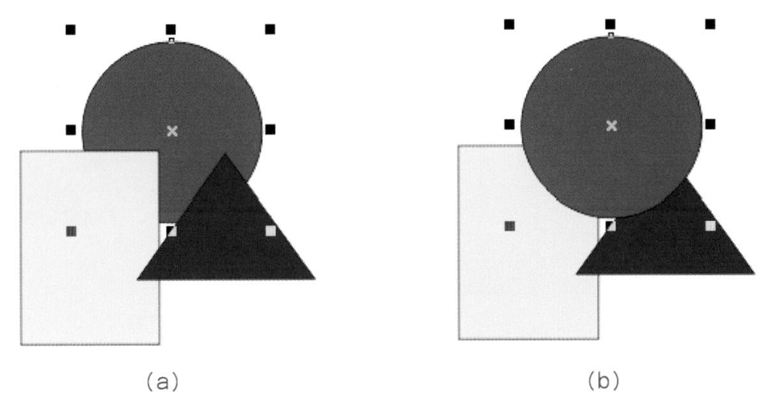

(a) (b)

图 4-18 将选中的图形排列到最前面

使用挑选工具在绘图页面中选择圆形对象，如图4-19（a）所示，然后选择菜单栏中的排列(A)→顺序(O)→到页面后面(B)命令，此时，圆形对象将被排列到最后面，如图4-19（b）所示。

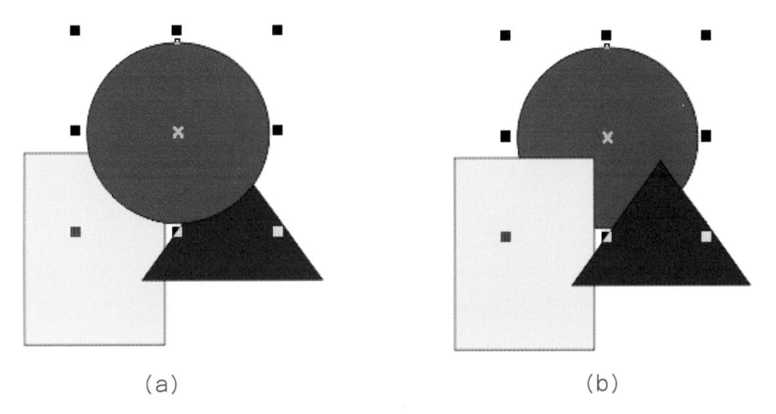

(a) (b)

图 4-19 将选中的图形排列到最后面

保持图4-20（a）所示圆形对象的选中状态，选择菜单栏中的排列(A)→顺序(O)→向前一层(O)命令，此时圆形对象被移到方形对象的前面，如图4-20（b）所示。

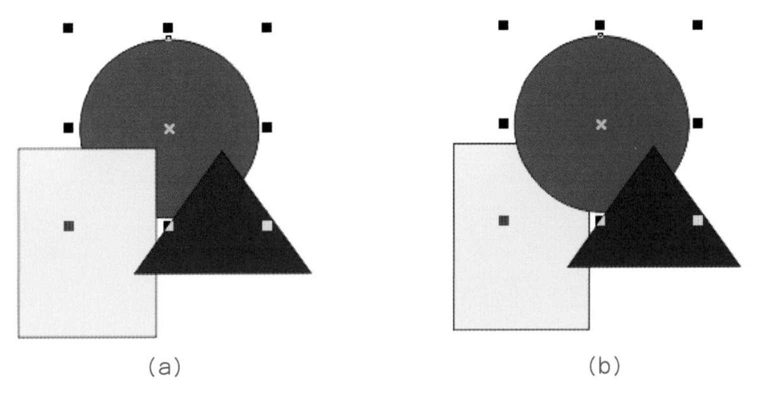

(a) (b)

图 4-20 将选中的对象向前移动一层

使用挑选工具选择要调整的图形对象，选择菜单栏中的排列(A)→顺序(O)→置于此对象前(I)...命令，此时鼠标指针显示为➡形状，然后将鼠标移到三角形对象上并单击鼠标，即可将要调整的图形对象排放在指定的对象前面，如图4-21所示。

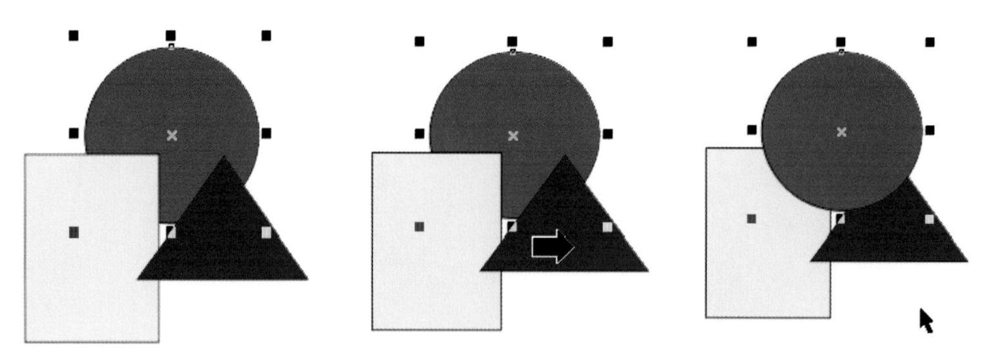

图 4-21 将选中的对象排列在指定的对象之前

使用挑选工具选择要调整的图形对象，选择菜单栏中的排列(A)→顺序(O)→置于此对象后(E)...命令，此时，鼠标指针显示为➡形状，然后将鼠标移到方形对象上并单击鼠标，即可将要调整的图形对象排放在指定对象后面，如图4-22所示。

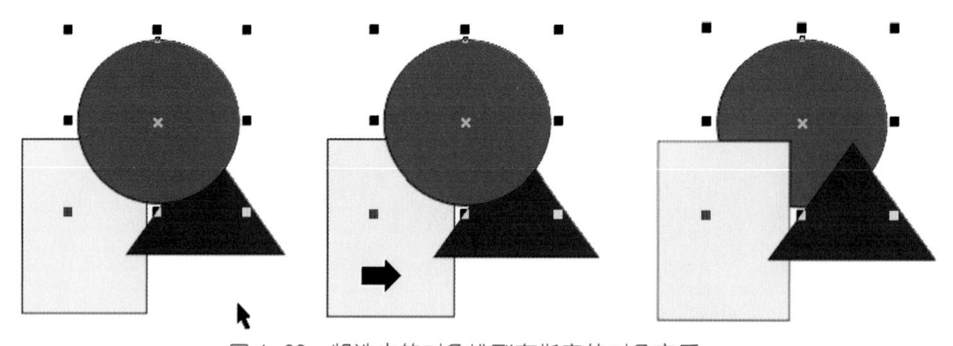

图 4-22 将选中的对象排列在指定的对象之后

如果要将多个图形重叠对象的顺序颠倒，可先选中所有重叠对象，然后选择菜单栏中的排列(A)→顺序(O)→逆序(R)命令，此时可将选中的全部对象逆序排列，如图4-23所示。

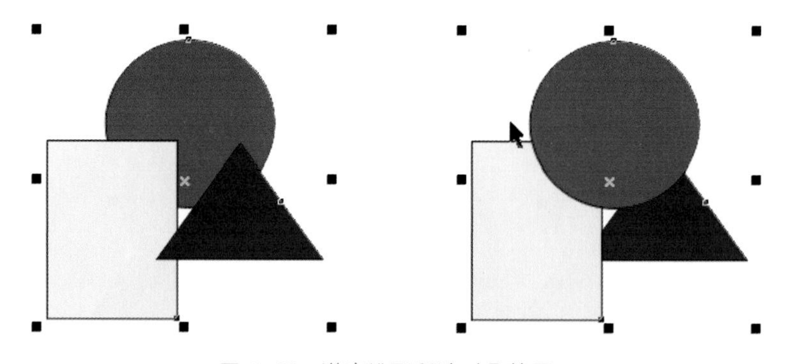

图 4-23 逆序排列所选对象效果

4.5 合并与群组对象

在CorelDRAW X6中，可以将多个相互独立的对象合并或群组，形成一个整体的对象。合并的对象将成为一个整体，得到一个全新的对象，不再具有原有的属性；而群组对象内每个对象依然相对独立，保留其原有的属性，如形状、颜色等。

4.5.1 合并对象

合并命令可以将多个路径合并为一个路径，如果两个或多个对象之间有重叠的区域，则重叠区域将变成镂空的。

要合并对象，首先选择多个对象，然后选择菜单栏中的排列(A)→合并(C)命令，或单击属性栏中的“合并”按钮，则最后生成的对象将会保留所选对象中位于最下层的对象的内部填充色、轮廓色、轮廓线粗细等属性，如图4-24所示。

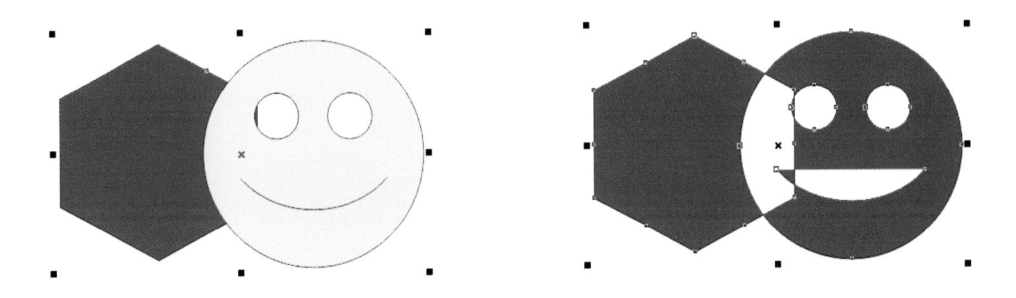

图4-24 合并对象

如果线条与封闭对象合并，则线条将成为封闭对象的一部分，也就是具有与封闭对象相同的属性，如图4-25所示。

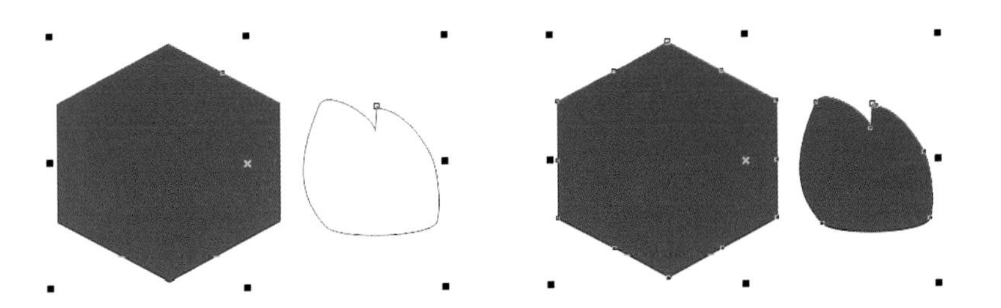

图4-25 合并线条与封闭对象

4.5.2 拆分对象

使用拆分功能可以将合并后的对象拆分，而拆分后对象原有的属性将会丢失。拆分对象的具体操作如下：

(1)使用挑选工具选择合并的对象，如图4-26（a）所示。

(2)选择菜单栏中的排列(A)→ 拆分曲线(B) 命令，效果如图4-26（b）所示。

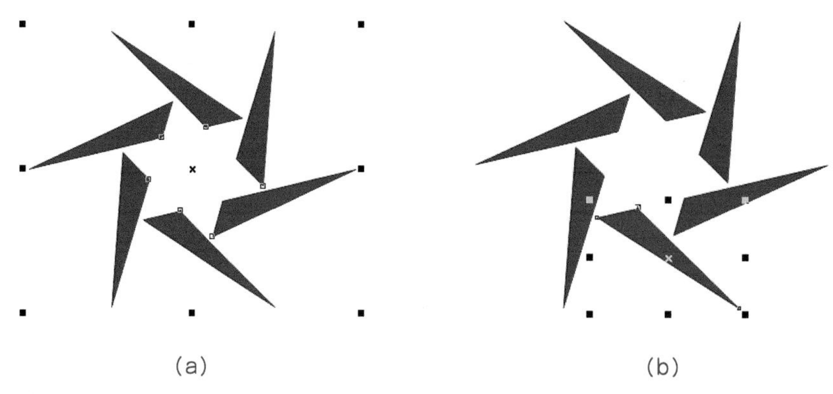

(a) (b)

图 4-26 拆分合并的对象

4.5.3 群组对象

群组就是将多个对象或一个对象的各部分组合成一个整体。群组后的对象可以像单个对象一样进行移动、旋转或缩放等操作。

如果要群组对象，首先应选择多个对象，然后选择菜单栏中的排列(A)→ 群组(G) 命令，或单击属性栏中的“群组”按钮，即可将所选的多个对象或一个对象的各个部分群组为一个整体。

如果要选择一个群组中的某个对象，只需在按住“Ctrl”键的同时使用鼠标单击所要选择的对象即可，此时，对象周围的控制点将变成小圆点，用鼠标拖动小圆点可缩放该对象。

多个群组的对象可以再次进行群组，成为一个大的对象，即群组操作是可以嵌套执行的。

4.5.4 取消群组对象

群组对象后，如果需要取消群组，只需要选择群组对象，然后选择菜单栏中的排列(A)→ 取消群组(U) 命令，或单击属性栏中的“取消群组”按钮，即可取消群组关系。

如果要取消一个嵌套对象的群组，使每个对象都成为独立的对象，可选择菜单栏中的排列(A)→ 取消全部群组(N) 命令，或单击属性栏中的“取消全部群组”按钮，即可将多层群组一次性全部解散。

4.6 对象的造形

在进行图形对象的编辑时，可以使用CorelDRAW X6提供的造形功能对图形对象进行焊接、修剪、相交、简化、移除等操作。

对对象应用造形功能，可以通过选择菜单栏中的排列(A)→ 造形(P) 命令，从弹出的子菜单中选择相应的命令来完成，也可以通过窗口(W)→ 泊坞窗(D) → 造形 命令打开“造形”泊坞窗来完成。

打开造形泊坞窗，在焊接下拉列表中有与修整子菜单中的命令相对应的7个功能选项，如图4-27所示。

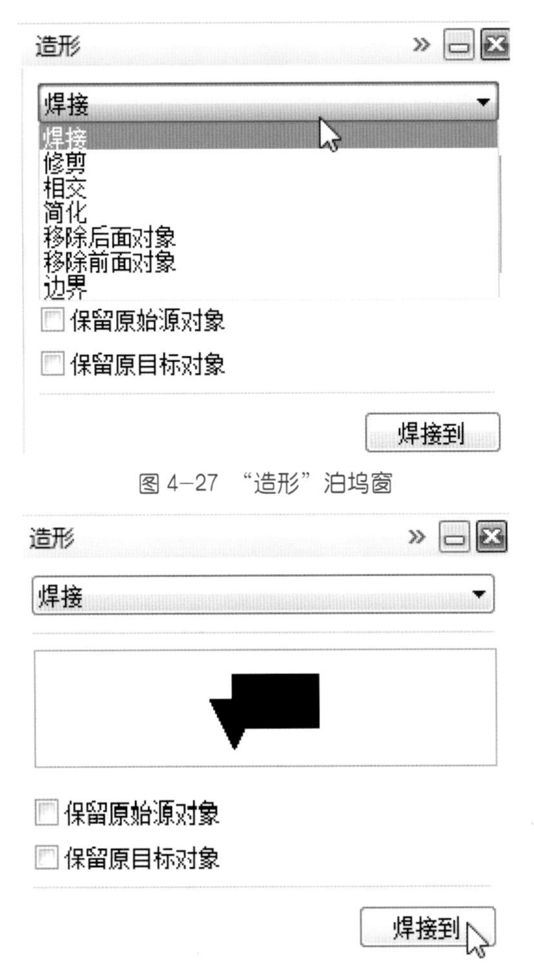

图4-27 “造形”泊坞窗

图4-28 “造形”泊坞窗（焊接）

4.6.1 对象的焊接

使用焊接命令可以将两个或多个对象结合在一起，从而创建一个独立的对象。如果焊接的是重叠的对象，它们会结合在一起，成为拥有一个轮廓的对象；如果不是重叠对象，它们会形成一个焊接群组。焊接的操作方法如下：

(1)使用挑选工具选择要进行焊接的对象，然后选择菜单栏中的排列(A)→造形(P)→造形(P)命令，可打开造形泊坞窗，在焊接下拉列表中选择焊接选项，如图4-28所示。

(2)单击焊接到按钮，此时，鼠标指针显示为形状，单击目标对象，即可将所选的对象焊接到目标对象中，从而成为一个整体对象，如图4-29所示。

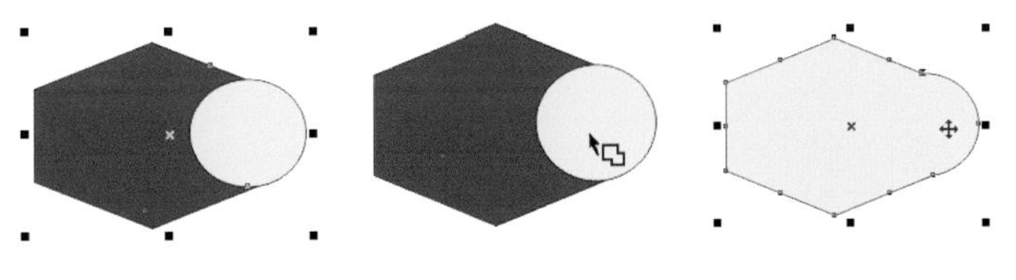

图4-29 焊接对象

4.6.2 对象的修剪

修剪命令用于将目标对象与其他对象重叠的区域从目标对象中修剪掉，而目标对象仍然会保留其填充与轮廓属性。

要修剪对象，可先选中要修剪的所有对象，然后选择菜单栏中的排列(A)→造形(P)→造形(P)命令，打开造形泊坞窗，在焊接下拉列表中选择修剪选项，单击修剪按钮，此时，鼠标指针变成形状，在要修剪的目标对象上单击即可。为了查看修剪后的效果，可将对象稍微移动一些距离，效果如图4-30所示。

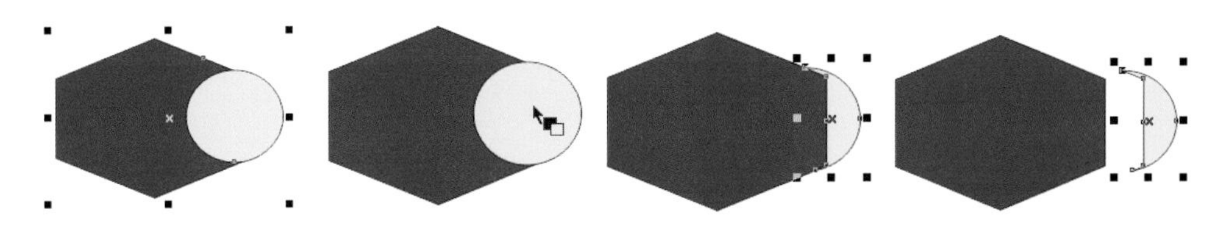

图4-30 修剪对象过程图

4.6.3　对象的相交

相交命令可以将两个或多个重叠对象的交集部分创建成一个新对象。新对象的属性取决于目标对象的属性。

要对对象使用相交功能，应先选择相交的一个对象，在造形泊坞窗中的焊接下拉列表中选择“相交”选项，然后单击相交对象按钮，将鼠标指针移至目标对象上单击，此时就可以将两个对象相交的区域保留，并保留源对象，拖动图形可看见相交后的效果，如图4-31所示。

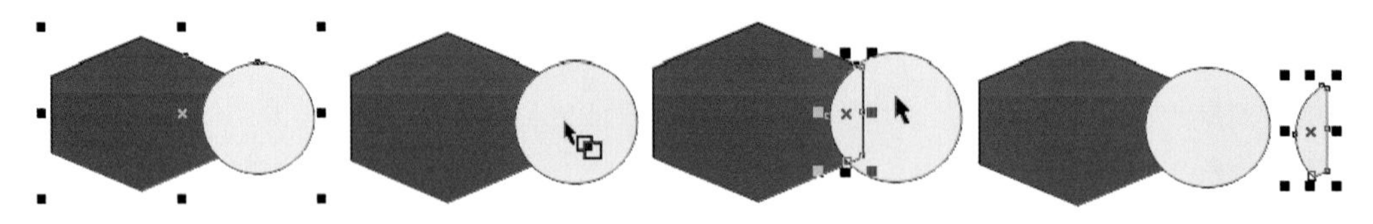

图 4-31　相交对象过程图

4.6.4　对象的简化

简化命令可将两个或多个对象的重叠部分修剪掉，创建成一个新对象。该对象的填充和轮廓属性以指定的目标对象的属性为依据。在上面的对象会被视为来源对象，在下面的对象会被视为目标对象。

要对对象进行简化操作，可先在绘图区中选择多个相交的对象，然后在造形泊坞窗中的焊接下拉列表中选择简化选项，单击应用按钮，会发现多个对象好像没有发生什么变化，这时可使用挑选工具将各个对象移动一定距离，就可看出简化后的效果，如图4-32所示。

图 4-32　简化对象过程图

4.6.5　对象的移除后面对象

移除后面对象命令可以用前面的对象减去后面的对象，并减去前后对象的重叠部分，保留前面对象。

选择两个需要相减的对象，然后在造形泊坞窗中的“焊接”下拉列表中选择移除后面对象选项，单击应用按钮，即可使前面的对象减去后面的对象，并减去它们的重叠部分，如图4-33所示。

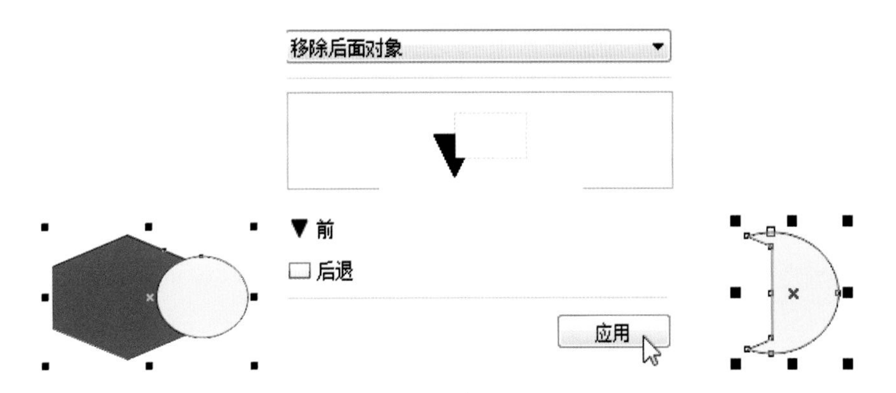

图 4-33　移除后面对象过程图

4.6.6　对象的移除前面对象

移除前面对象命令可以使后面对象减去前面对象，并减去前后对象的重叠部分，保留后面对象。

选择需要相减的两个对象，在造形泊坞窗中的焊接下拉列表中选择移除前面对象选项，然后单击应用按钮即可，如图4-34所示。

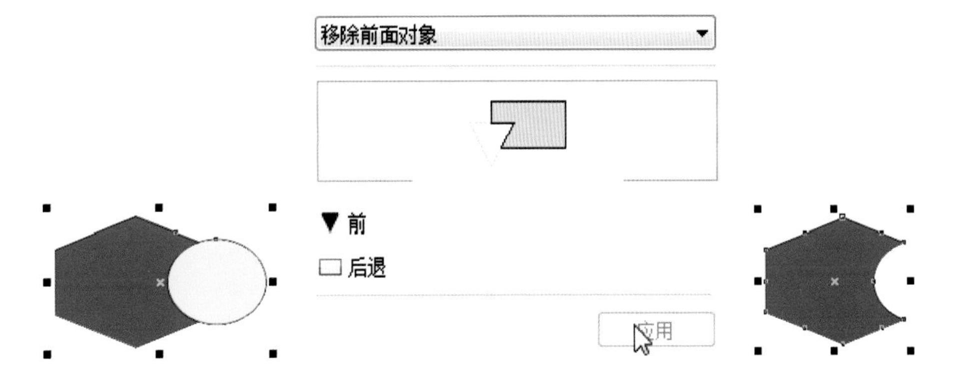

图 4-34　移除前面对象过程图

4.7 应用实例——茶饮公司LOGO绘制

1. 创作目的

制作茶饮公司LOGO，效果如图4-35所示。

图 4-35　茶饮公司 LOGO 最终效果图

2. 创作要点

掌握对象的变换和造形操作，巩固线条和基本图形的绘制与编辑，练习填充工具的使用。

3. 创作步骤

(1)新建一个图形文件（大小为150mm×150mm），单击工具箱中的“椭圆形工具”按钮，并按住键盘上的“Ctrl”键在绘图区中拖动鼠标，绘制图3-36所示的正圆形，填充颜色为C28、M3、Y97、K0。

(2)在正圆形上双击，激活正圆形的自由变换命令，按住键盘上的“Shift”键，由右上角以圆心为原点向中心缩小，并在放开鼠标之前单击右键，复制一个正圆形，如图4-37所示。

(3)更改其颜色为渐变填充，填充色由深绿色（R0，G100，B40）向浅绿色（R195，G212，B28）辐射渐变，并在其颜色渐变区域适当位置添加颜色渐变色块，RGB值为R53、G155、B68，如图4-38所示。

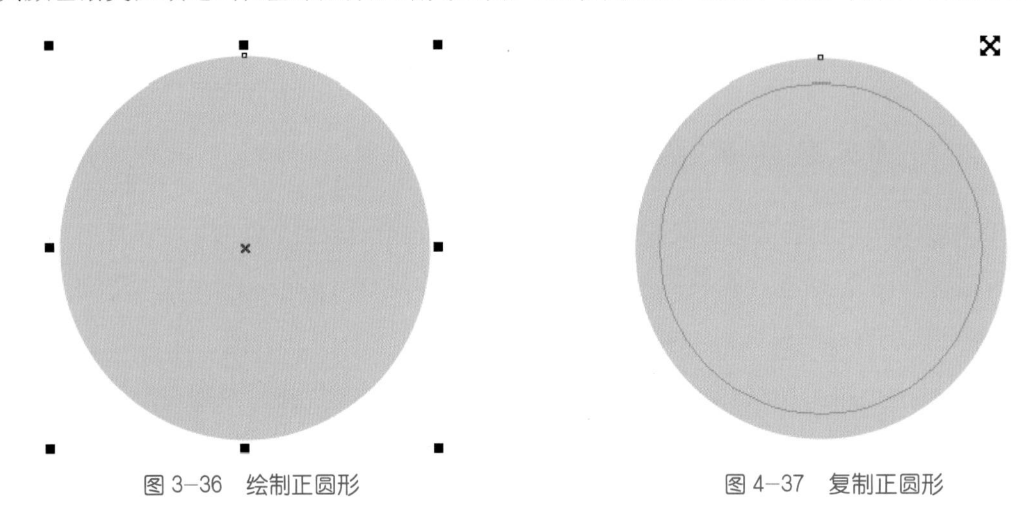

图 3-36　绘制正圆形　　　图 4-37　复制正圆形

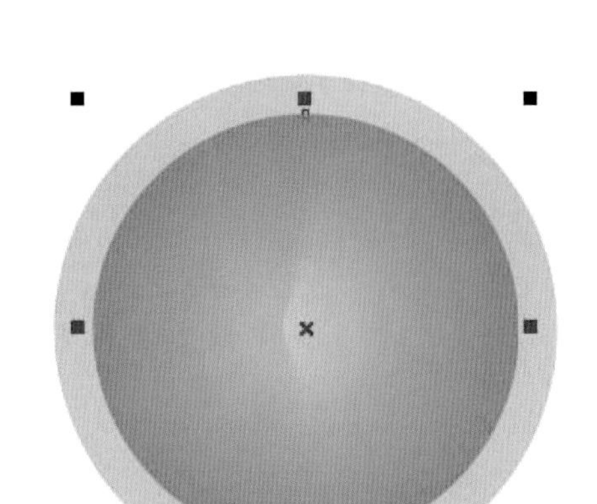

图 4-38　调整正圆形填充模式

(4)选中外部的正圆形，按住键盘上的“Shift”键，由右上角以圆心为原点向中心放大，并在放开鼠标之前单击右键，复制一个正圆形，并调整其颜色为R0、G122、B71，调整其位置为最底部，如图4-39所示。

(5)调整最外部正圆形的属性，改为饼形，起始角度为90°，结束角度为180°。

(6)先选中中部的黄色正圆形，再按住“Shift”键加选饼形，执行修剪命令，效果如图4-40所示。

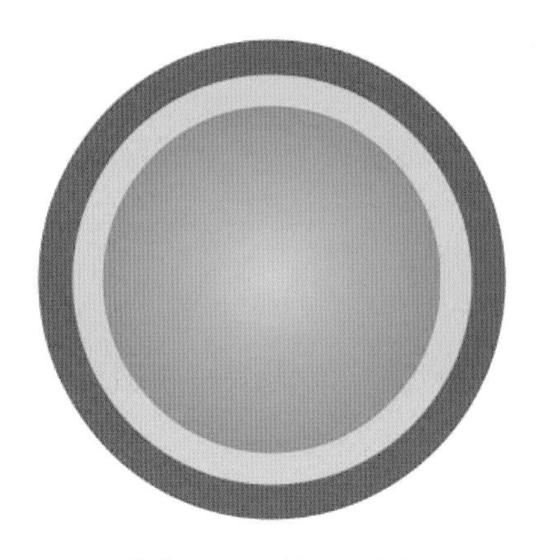

图4-39 复制正圆形并调整其颜色和位置　　图4-40 修剪形态效果

(7)使用贝塞尔工具绘制叶子形象，设置其颜色分别为R0、G100、B40及C28、M3、Y97、K0，如图4-41所示。

(8)群组两个正圆形，使其成为一个群组，再群组两个叶子形象，使其成为一个群组。

(9)先选择叶子群组，再按住“Shift”键加选正圆群组，执行修剪命令，效果如图4-42所示。

(10)选择叶子群组，调整其大小，如图4-43所示。

图4-41 绘制叶子形象并设置颜色　　图4-42 修剪对象　　图4-43 调整叶子大小

（11）输入文字对象并调整其位置及颜色，完成最后效果，如图4-35所示。

第5章 交互式工具的应用

学习目标

为了最大限度地满足用户的创作需求，CorelDRAW X6提供了许多用于为对象添加特殊效果的交互式工具。交互式工具集中在工具箱中的两个工具组中：交互式调和工具组和交互式填充工具组。

学习要点

◎交互式调和工具组
◎交互式填充工具组

5.1 交互式调和工具组

CorelDRAW X6提供了7种交互式工具，应用这些工具可以非常直观、方便地改变对象的外观，从而制作出各种图形效果。

5.1.1 交互式调和

使用交互式调和工具，可以在起始对象和结束对象之间创建一系列轮廓和填充的渐变过渡效果。

1. 创建调和对象

要在图形之间制作交互式调和效果，其具体的操作方法如下：

(1)在绘图区中绘制一个矩形与一个星形对象，并对其进行填充。

(2)单击工具箱中的“交互式调和工具”按钮，将鼠标指针移至矩形对象上，并将其拖动至星形上，松开鼠标，即可将两个对象直接调和，效果如图5-1所示。

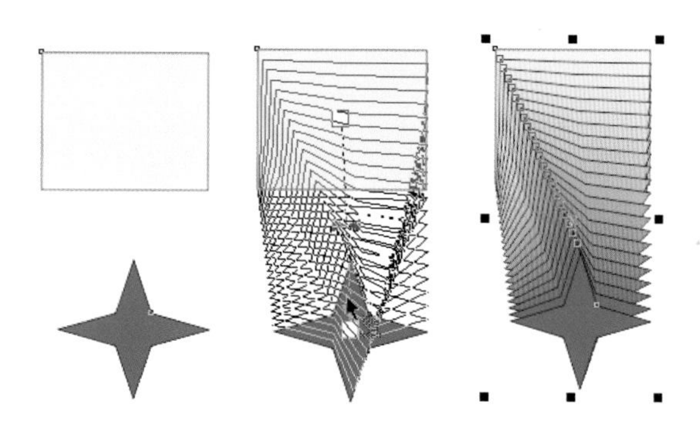

图 5-1 直接调和效果

2. 调和效果的编辑

创建了调和效果后，可以通过交互式调和工具属性栏对调和对象进行设置。交互式调和工具属性栏如图5-2所示，通过调整属性栏中的参数，可以对调和步数、调和方向，以及调和形状之间的偏移量进行设置。

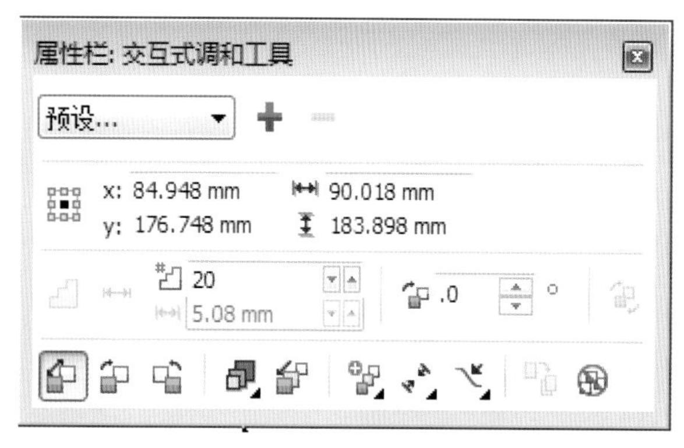

图 5-2 交互式调和工具属性栏

在属性栏中的步数微调框 5 中输入数值，可设置调和对象之间的中间图形数量，步数值越大，中间的对象就越多，如图5-3所示。

在调和方向微调框 .0 ° 中输入数值，可设置中间生成图形在调和过程中的旋转角度，如图5-4所示。

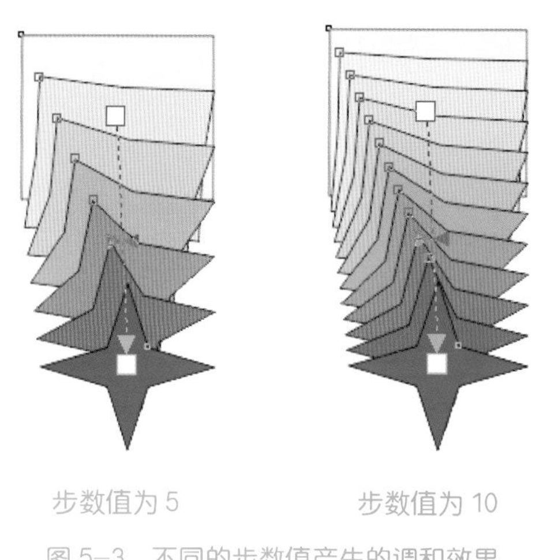

步数值为 5　　步数值为 10

图 5-3 不同的步数值产生的调和效果

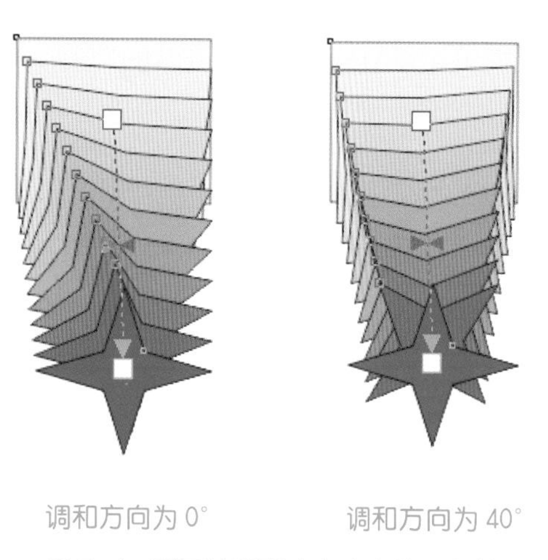

调和方向为 0°　　调和方向为 40°

图 5-4 不同的调和方向产生的调和效果

设置调和方向后，可激活交互式调和工具属性栏中的“环绕调和”按钮，单击此按钮，可使调和对象中间生成一种弧形旋转调和效果，如图5-5所示。

属性栏中提供了3种类型的交互式调和顺序，即直接调和、顺时针调和和逆时针调和，利用它们可使调和过程中的图形色彩产生不同的变化。

如果要将调和对象沿一条指定的路径调和，可在属性栏中单击“路径属性”按钮，在其下拉菜单中选择 新路径 命令，此时，鼠标指针显示为形状，将其移至路径上单击，即可将调和效果应用于指定的路径上，如图5-6所示。

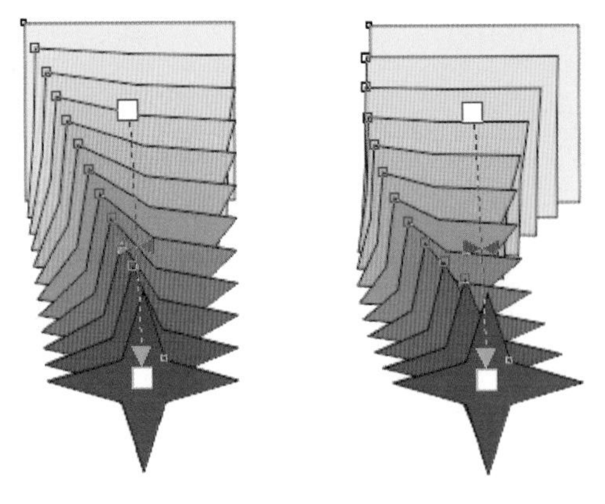

图 5-5　环绕调和效果

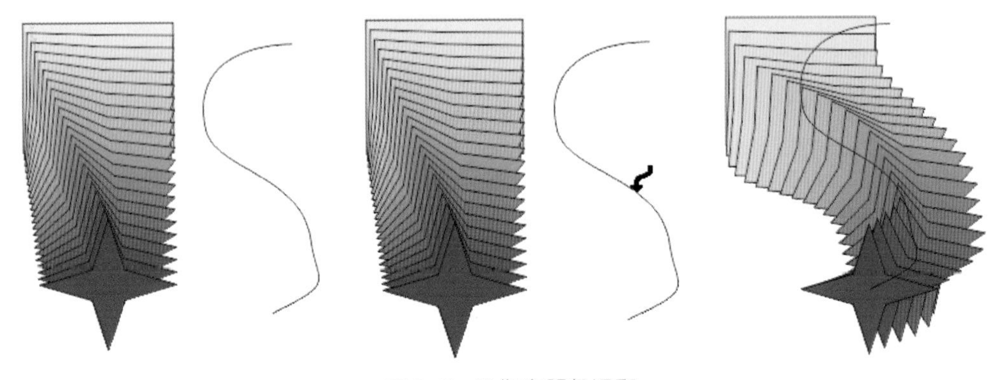

图 5-6　沿指定路径调和

在交互式调和工具属性栏中单击 预设... 下拉列表框，从弹出的下拉列表中选择预设的调和样式，如图5-7所示。

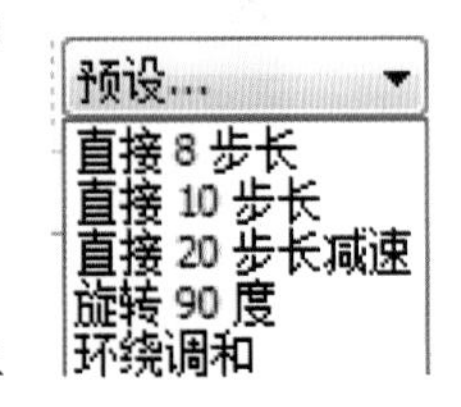

图 5-7　预设调和模式

如果要将一种调和效果应用于其他调和对象上，只需选中要复制属性的调和对象，再单击属性栏中的“复制调和属性”按钮，将鼠标指针移至需要应用的调和对象上并单击，即可将该调和属性应用到所选的调和对象上。

创建调和效果后，可对创建了调和效果的对象进行拆分，拆分就是将复合调和的对象分离为多个直接调和。其方法是：使用挑选工具在调和图形上单击鼠标右键，从弹出的快捷菜单中选择 拆分调和群组(B) 命令，此时即可将调和中间的过渡对象分离，拖动中间对象，效果如图5-8所示。

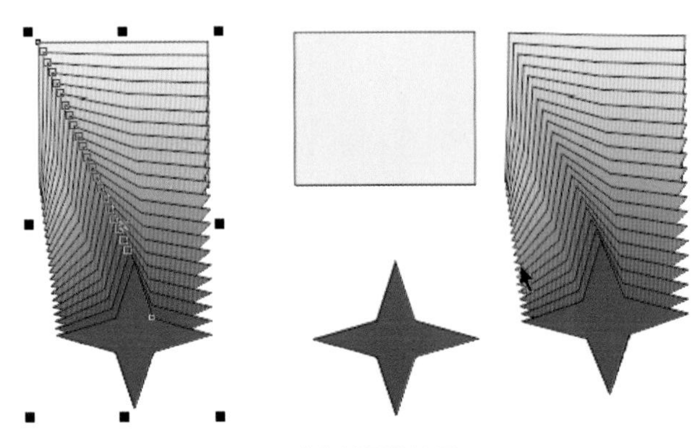

图 5-8　拆分调和效果

5.1.2 交互式轮廓图

交互式轮廓图工具可以为对象添加轮廓效果。此处所指的对象可以是封闭的曲线，也可以是开放的曲线，还可以是美术字。

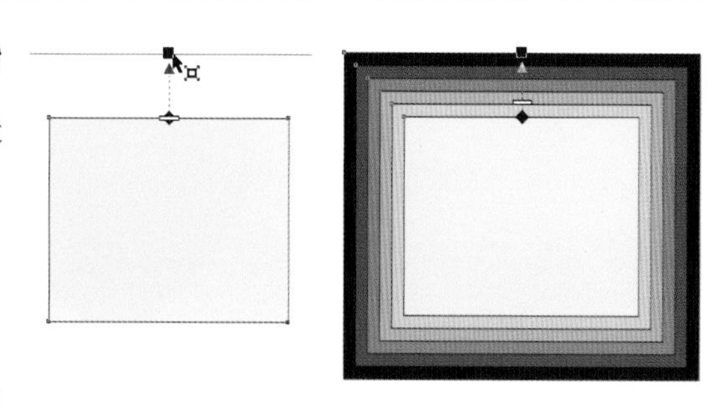

图 5-9 添加交互式轮廓图效果

1. 创建交互式轮廓图效果

单击交互式调和工具组中的“交互式轮廓图工具”按钮，将鼠标指针移至对象上，按住鼠标左键并拖动，松开鼠标，即可为所选对象添加交互式轮廓图效果，如图5-9所示。

2. 轮廓图效果的编辑

使用交互式轮廓图工具选择对象后，其属性栏如图5-10所示，利用该属性栏，可以对图形的轮廓线间距、颜色与增加方式等进行相应的设置。

图 5-10 交互式轮廓图工具属性栏

在属性栏中单击“到中心”按钮，可以制作向图形中心扩展的轮廓图效果；单击“向内”按钮，可以制作向图形内部扩展的轮廓图效果；单击“向外”按钮，可以制作向图形外部扩展的轮廓图效果。3种交互式轮廓图效果如图5-11所示。

图 5-11 3 种交互式轮廓图效果

在属性栏中的轮廓图步长微调框 2 中输入数值，可设置轮廓线条数，如图5-12所示。

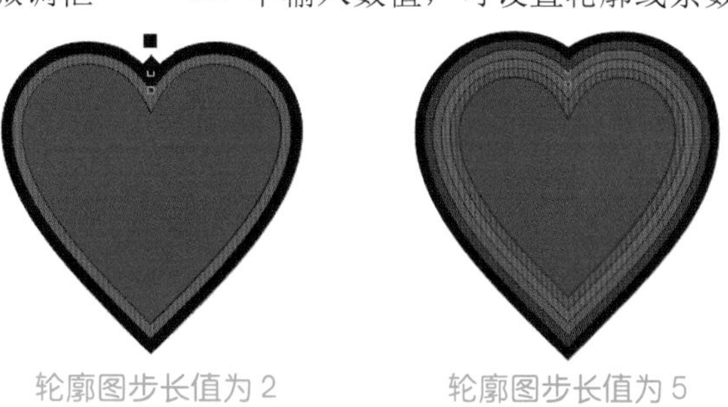

图 5-12 改变轮廓图的步长

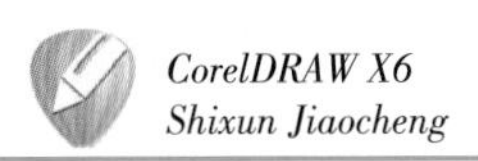

在轮廓图偏移微调框 3.0 mm 中输入数值，可设置轮廓线之间的距离，如图5-13所示。

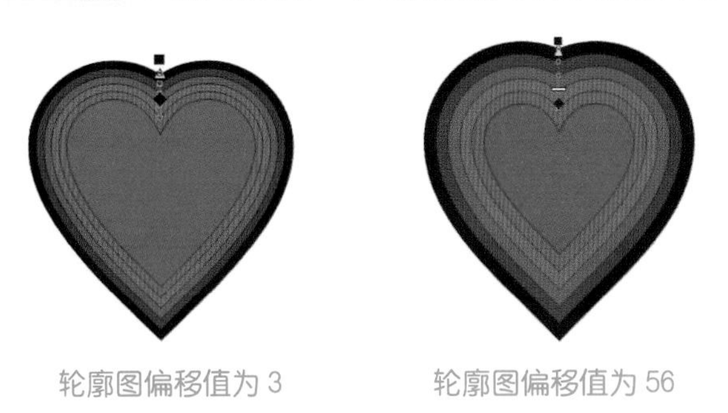

图 5-13　改变轮廓线之间的距离

如果要对添加的轮廓线进行填充，可在属性栏中单击“轮廓色”下拉按钮，从打开的调色板中选择需要的颜色。如果要修改所创建的轮廓图对象的颜色，可在属性栏中单击“填充色”下拉按钮，从打开的调色板中选择所需的填充色即可。

属性栏还提供了3种轮廓线填充的类型，单击“线性轮廓色”按钮 线性轮廓色，可将轮廓线的颜色以直线轮廓填充；单击“顺时针轮廓色”按钮 顺时针轮廓色，轮廓线的颜色将以顺时针的方向进行填充；单击“逆时针轮廓色”按钮 逆时针轮廓色，轮廓线的颜色将以逆时针的方向进行填充。

在属性栏中单击“对象和颜色加速”按钮，可打开加速面板，拖动相应的滑块对轮廓图进行颜色加速设置。向左或向右拖动滑块，使轮廓图对象产生由外向内或由内向外的颜色渐变，如图5-14所示。

图 5-14　对象和颜色加速后的效果

5.1.3　交互式变形

使用交互式变形工具可以快速改变对象的外观。使用该工具可以产生3种变形效果，即推拉变形、拉链变形和扭曲变形。

单击工具箱中的“交互式变形工具”按钮，其属性栏如图5-15所示。

单击“推拉变形”按钮，可对图形进行推拉变形。

单击“拉链变形”按钮，可使图形产生像拉链一样的锯齿形变形。

单击“扭曲变形”按钮，可在图形上拖动鼠标进行扭曲变形。

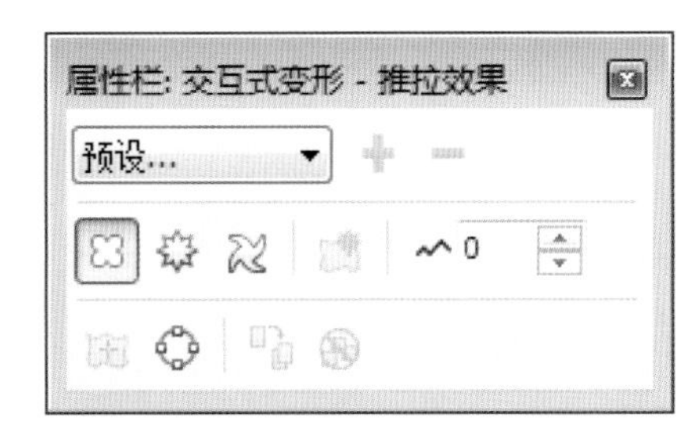

图 5-15　交互式变形工具属性栏

在推拉失真振幅微调框 ~0 中输入数值，可以很精确地调整变形的幅度。

1. 使用推拉变形

推可以将变形时的图形节点推出中心，拉可以将变形时的图形节点拉向中心。运用推拉变形可以创作出各种对象的变形效果。

在绘图区中选中要变形的对象，单击工具箱中的“交互式变形工具”按钮，并在属性栏中单击“推拉变形”按钮，将鼠标指针移至所选对象上，按住左键拖动，此时，鼠标指针所在位置产生一个菱形控制点，该图案就会随着起始点的位置、控制点的拖拉方向以及位移大小而变形。因此，鼠标拖拉的方向与位移的大小都会影响图案的变形情况，得到不同的效果，如图5-16所示。

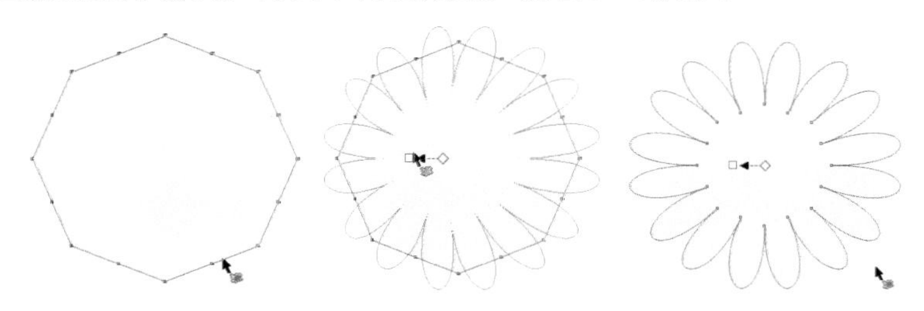

图 5-16 推拉变形效果

用鼠标拖动起始处与终点处的控制点，可以对变形后的图形进行再次变形，如图5-17所示。

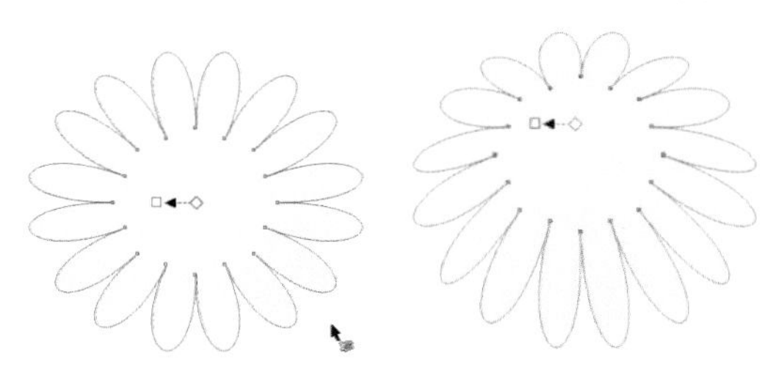

图 5-17 拖动控制点再次变形

调整属性栏中的推拉失真振幅微调框 ~0 中的数值，也可改交推拉变形的程度，如图5-18所示。

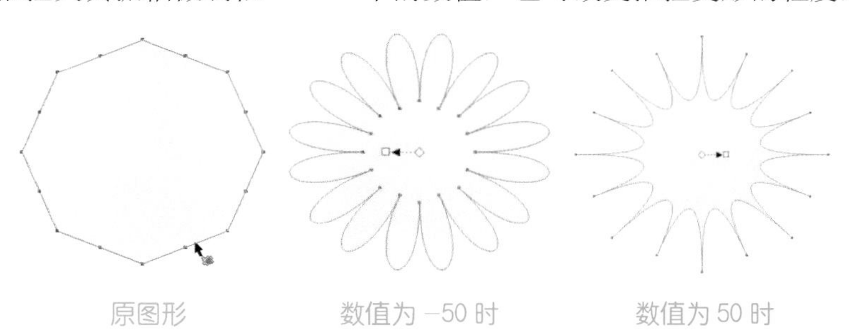

原图形　　数值为 -50 时　　数值为 50 时

图 5-18 通过改变推拉失真振幅参数进行变形

在交互式变形工具属性栏中单击“添加新的变形”按钮，就可以在已经变形的图形上继续添加另一种变形效果。

单击属性栏中的“中心变形”按钮，可以将变形对象的起始点移到对象的中心，从而使对象的推拉变形从中心点开始，变为比较对称的图形，如图5-19所示。

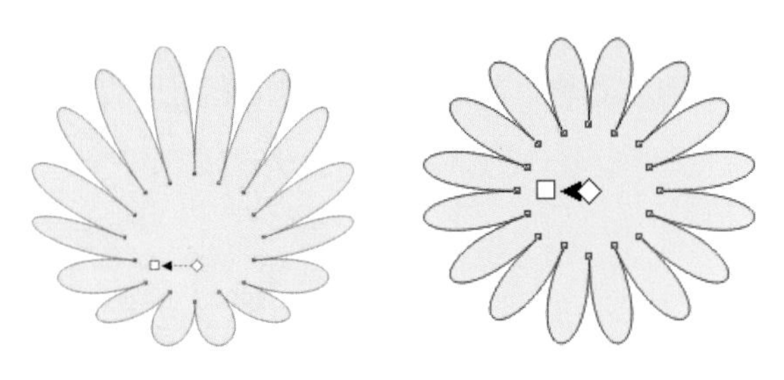

图 5-19　对称变形

单击属性栏中的“转换为曲线”按钮，可以通过调节外框上的节点来任意修改其变形效果。

如果要将一个推拉变形对象的属性应用到其他对象上，应先使用挑选工具选中要进行推拉变形的对象，然后单击“交互式变形工具”按钮，并在属性栏中单击“复制变形属性”按钮，此时，鼠标指针显示为➡形状，移动鼠标指针到创建了推拉变形效果的对象上，并单击左键，即可将所单击对象的拖拉变形属性应用于选中的对象上，如图5-20所示。

图 5-20　复制推拉变形属性

2. 使用拉链变形

拉链变形功能可以方便地将对象的轮廓变成随机生成的节点和折线，从而产生锯齿效果。

当选择不同的变形工具时，其属性栏中会显示不同变形工具的选项参数。当选择拉链变形工具时，属性栏中的选项最多，除了最基本的控制拉链变形的振幅和频率之外，还可以设置平滑变形、局部变形以及随机变形等参数。

选中要使用拉链变形的对象，单击工具箱中的“交互式变形工具”按钮，并在属性栏中单击“拉链变形”按钮，在对象上按住鼠标左键并拖动，可创建拉链变形效果，如图5-21所示。

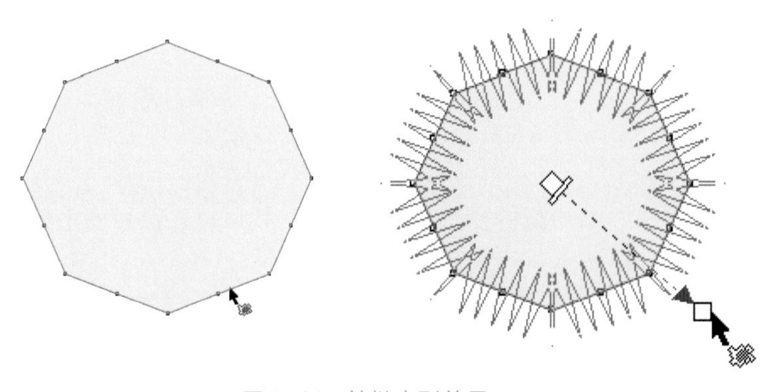

图 5-21　拉链变形效果

在属性栏中的拉链失真频率微调框 ∽ 5 中输入数值，可对拉链变形所产生的波峰频率进行设置，如图5-22所示。

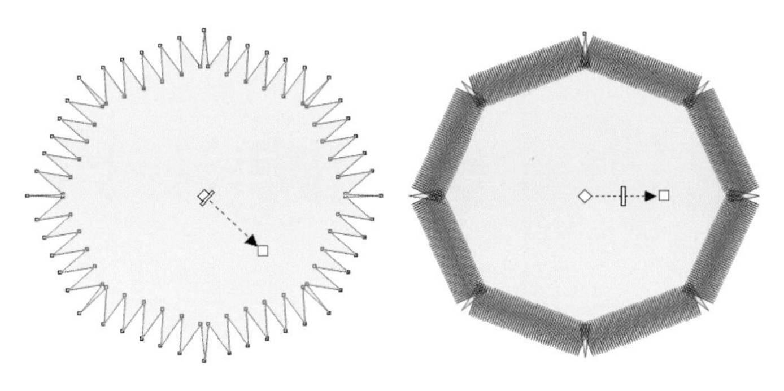

拉链失真频率为 5　　拉链失真频率为 48

图 5-22　调整拉链变形对象的频率

拉链变形属性栏中还提供了3种变形按钮，即“随机变形”按钮 、“平滑变形”按钮 与“局部变形”按钮 ，分别单击这3种按钮，可使图形对象产生不同的变形效果，如图5-23所示。

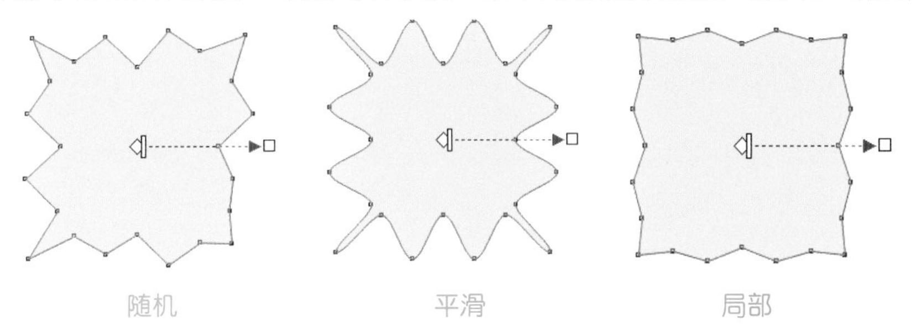

随机　　平滑　　局部

图 5-23　拉链变形属性栏中的 3 种变形效果

3. 使用扭曲变形

扭曲变形功能可使对象以一个固定点进行螺旋变形。

使用挑选工具选择需要扭曲变形的对象，在交互式变形工具属性栏中单击“扭曲变形”按钮 ，将鼠标指针移至图形上，按住鼠标左键并拖动，即可使图形按一定方向旋转，从而产生扭曲变形效果，如图5-24所示。

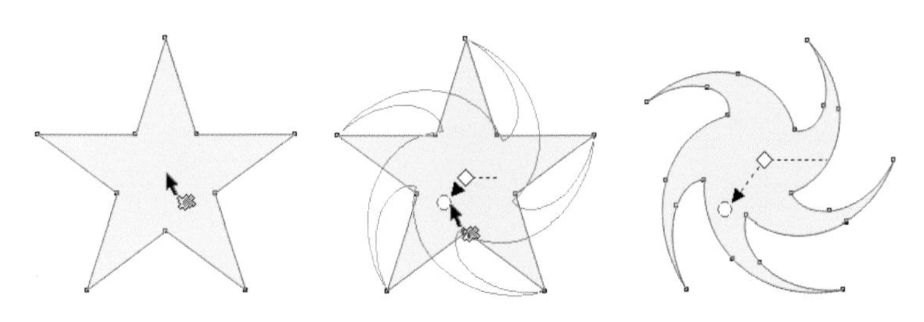

图 5-24　扭曲变形效果

此时，属性栏中显示扭曲变形的参数，如图5-25所示。

直接单击属性栏中的 预设... 下拉列表框，可弹出预设的变形效果，如图5-26所示。在此下拉列表中可直接为要变形的对象选择一种变形效果。

图 5-25 扭曲变形属性栏

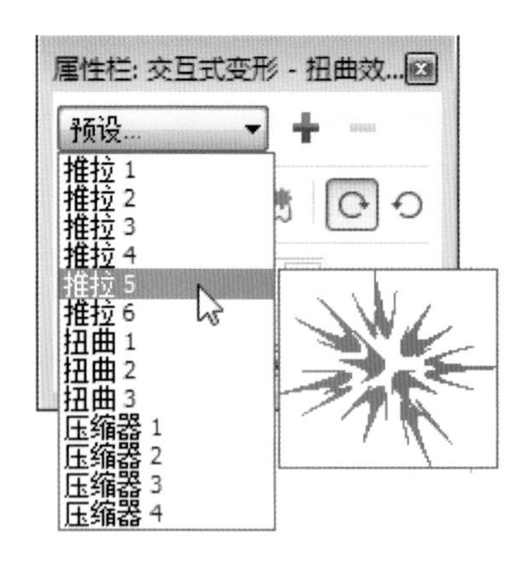

图 5-26 “预设”下拉列表

在属性栏中的完全旋转微调框∡0中输入数值，可设置所选扭曲对象的旋转圈数，如图5-27所示。

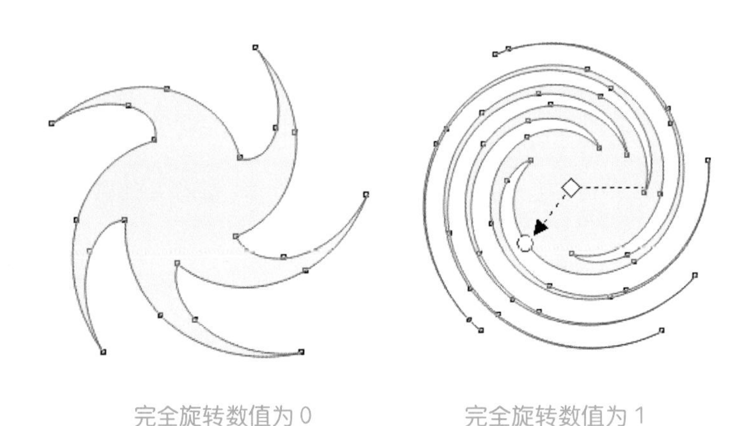
完全旋转数值为 0　　完全旋转数值为 1

图 5-27 设置完全旋转数值后的变形效果

在属性栏中的附加角度微调框 130 中输入数值，可设置所选扭曲对象在原来旋转基础上旋转的角度。

在扭曲变形属性栏中单击“顺时针旋转”按钮，可以将对象顺时针旋转扭曲变形；单击“逆时针旋转”按钮，可以将对象逆时针旋转扭曲变形；单击“中心变形”按钮，所选对象将以中心旋转扭曲变形。

如果需要将添加的变形效果清除，可先选择变形对象，然后在属性栏中单击“清除变形”按钮即可。

5.1.4 交互式阴影

交互式阴影工具可以为对象添加逼真、柔和的阴影效果，但不能应用于调和物体、轮廓物体以及用斜角修饰过的对象。

1. 阴影效果的创建

单击工具箱中的“交互式阴影工具”按钮，将鼠标移至需要创建阴影的对象上，此时鼠标指针变为形状，按住鼠标左键并拖动，即可创建交互式阴影效果，如图5-28所示。

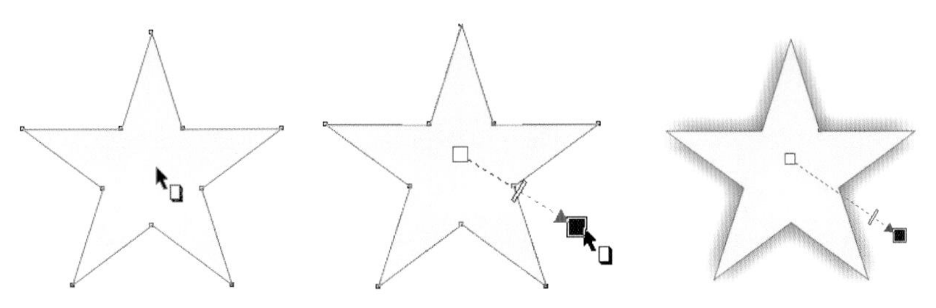

图 5-28　给对象创建交互式阴影过程

2. 交互式阴影的编辑

为对象创建阴影效果后，将鼠标指针移至终点处的色块上，按住鼠标左键拖动，可调整阴影的角度，如图5-29所示。

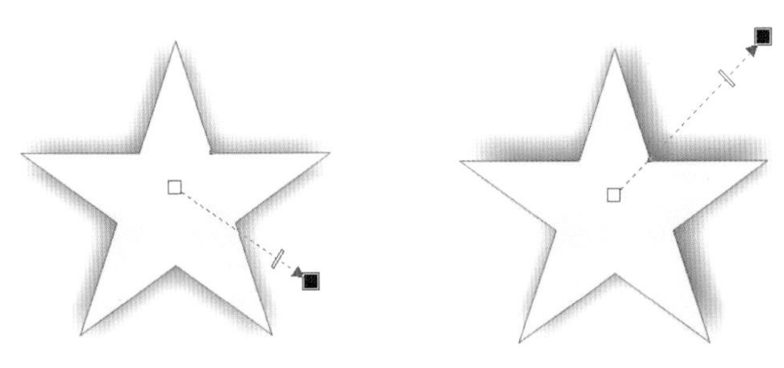

图 5-29　调整阴影角度

也可以通过交互式阴影工具属性栏调整阴影的不透明度。在交互式阴影工具属性栏的阴影的不透明度输入框 76 中输入数值，可设置阴影的不透明度。其取值范围为0～100，数值越大，阴影的不透明度就越强。改变阴影不透明度的效果如图5-30所示。

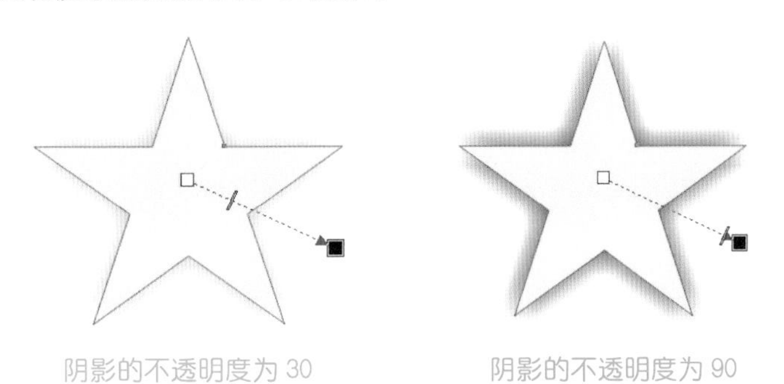

阴影的不透明度为 30　　阴影的不透明度为 90

图 5-30　改变阴影不透明度效果

在属性栏中还可以设置交互式阴影的羽化值，以确定阴影的柔和程度。在交互式阴影工具属性栏中的阴影羽化输入框 15 中输入数值，可设置对象阴影的柔和程度，效果如图5-31所示。

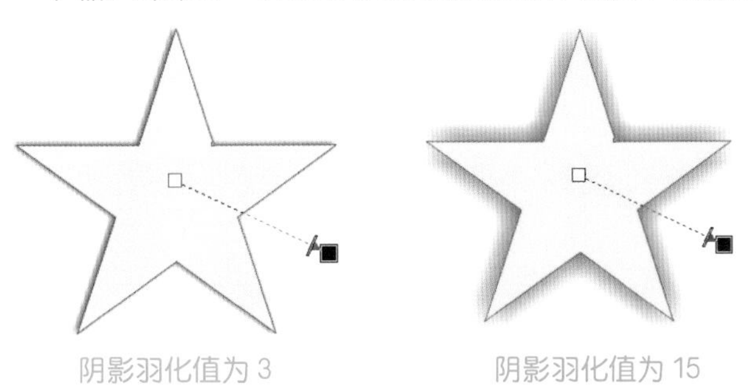

阴影羽化值为 3　　阴影羽化值为 15

图 5-31　改变阴影羽化程度效果

在交互式阴影工具属性栏中单击阴影颜色下拉列表框，可从弹出的调色板中选择阴影的颜色，如图5-32所示。

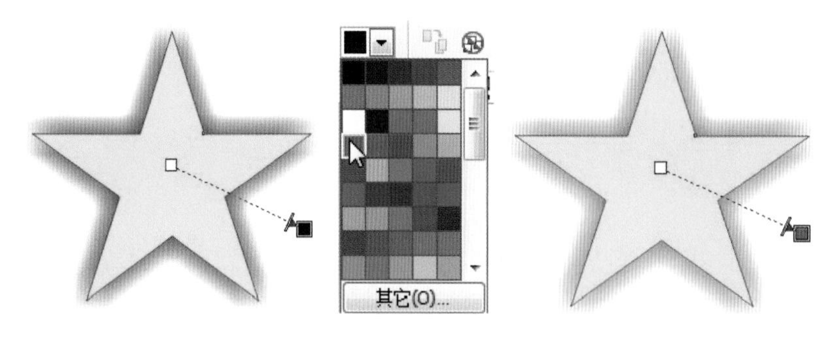

图 5-32　改变阴影颜色效果

5.1.5　交互式封套

使用交互式封套工具可以给对象添加封套效果，使图形对象的整体形状随着封套外形的变化而变化。在改变封套形状时，可以使用形状工具对封套的每一个节点进行编辑，包括改变节点的位置、增加或减少节点的数目以及设置节点的性质(平滑、对称、尖突)等。

1. 应用封套

为对象应用封套效果非常简单，其具体操作步骤如下：

(1)使用挑选工具选择要应用封套效果的对象。

(2)在工具箱中单击“交互式封套工具”按钮，此时，被选中的对象就会自动出现一个由节点控制的矩形封套。

(3)将鼠标指针移至对象四周的节点上并拖动，就可以使对象应用封套的变形效果，如图5-33所示。

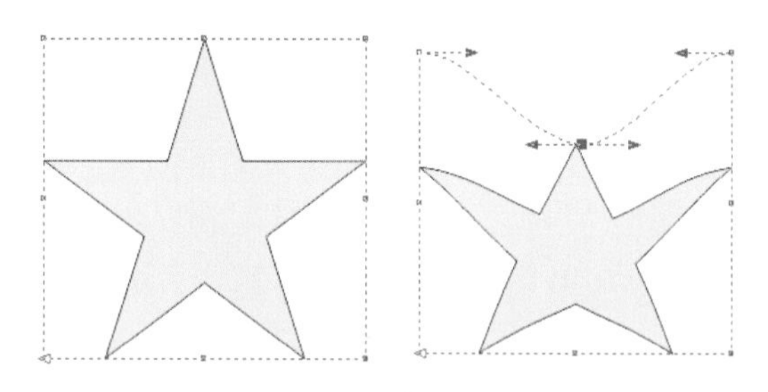

图 5-33　添加封套效果

封套节点的编辑方法与曲线节点的编辑方法相似，都可以进行添加、删除、移动或改变节点的属性等操作，从而可以方便地完成任意形状的编辑。

2. 封套的编辑

交互式封套工具属性栏提供了4种封套的编辑模式，即直线模式、单弧模式、双弧模式与非强制模式。

在这4种封套模式下可以编辑封套的节点，默认情况下，对封套形状的编辑都是在非强制模式下完成的。

进入封套变形模式后，单击属性栏中的“封套的直线模式”按钮，在使用鼠标调节封套节点变形对象时，将以直线进行变形；单击“封套的单弧模式”按钮，在使用鼠标调节封套节点变形对象时，将以单一弧度变形；单击“封套的双弧模式”按钮，在使用鼠标调节封套节点变形对象时，将以双弧度扭曲变形；单击“封套的非强制模式”按钮，则可以不受任何约束地进行任意变形。同一图形在封套变形的4种模式下的效果，如图5-34所示。

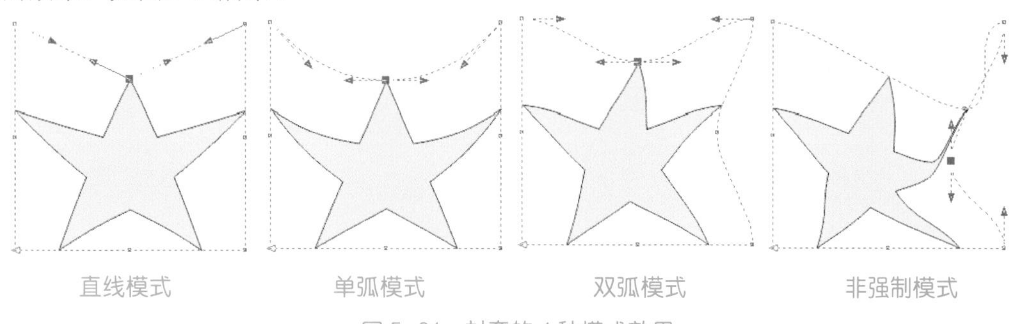

图 5-34　封套的 4 种模式效果

单击属性栏中的“转换为曲线”按钮，可以将对象上的封套转换为曲线对象，从而可以像编辑曲线对象一样编辑它。

如果需要将一个封套对象的属性应用到另一个对象上，可单击属性栏中的“复制封套模式”按钮。

5.1.6　交互式立体化

利用交互式立体化工具可以给对象添加三维效果。创建立体化效果后，可以在属性栏中对立体化的深度、方向、颜色以及灭点坐标等进行设置。

1. 立体化效果的创建

单击交互式调和工具组中的“交互式立体化工具”按钮，将鼠标指针移至需要创建立体化效果的对象上，此时，鼠标指针显示为形状，按住鼠标左键并拖动，可为对象创建立体化效果，如图5-35所示。

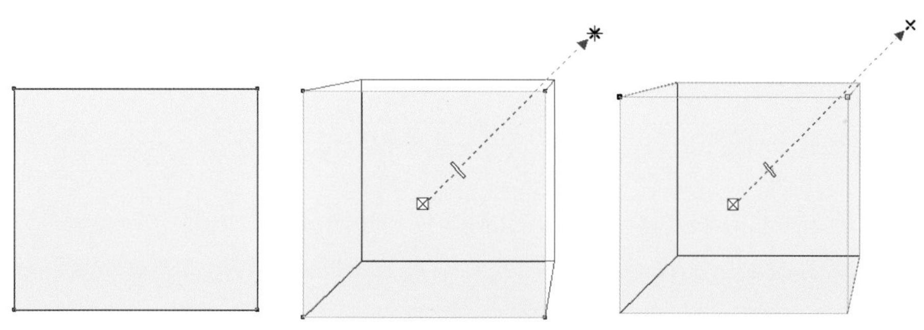

图 5-35　交互式立体化效果

2. 设置立体化的深度与类型

创建了立体化效果后，还可以设置立体化的深度与类型。CorelDRAW X6提供了6种立体化类型，可根据

需要进行选择。

要设置立体化效果的深度与类型，其具体的操作方法如下：

(1)在属性栏中的深度微调框 20 中输入数值，可设置立体化效果的深度，此处先后输入20和50，对象立体化效果如图5-36所示。

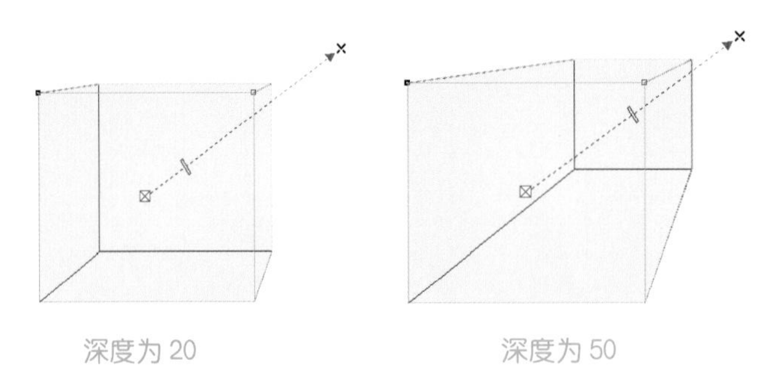

图 5-36　立体化不同深度值效果

(2)选择对象后，在工具箱中单击"交互式立体化工具"按钮，并在属性栏中单击立体化类型下拉按钮，弹出图5-37所示的立体化类型下拉列表，用户可根据需要从中选择合适的类型。

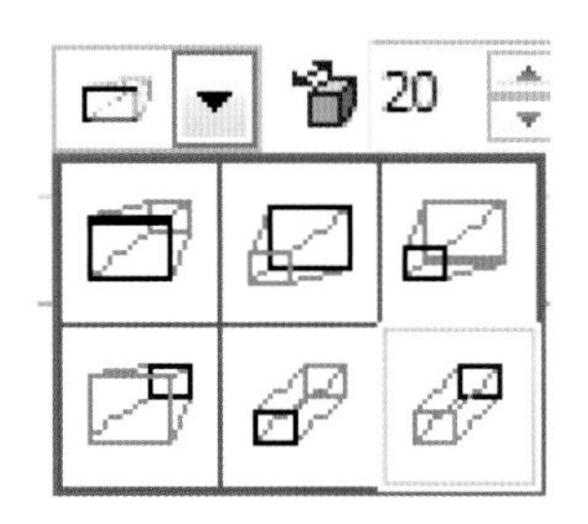

图 5-37　立体化类型下拉列表

在属性栏中的灭点坐标微调框 83.079 mm 59.267 mm 中输入数值，可设置灭点的位置。灭点是一个设想的点，它在对象后面的无限远处，用✕形状表示。如果对象向灭点变化，就会产生透视感。

3. 旋转立体化对象

单击属性栏中的"立体化方向"按钮，可打开立体化方向控制面板，使用鼠标直接拖动该面板中的数字盘即可旋转立体化对象，即调整立体化对象的旋转方向，效果如图5-38所示。

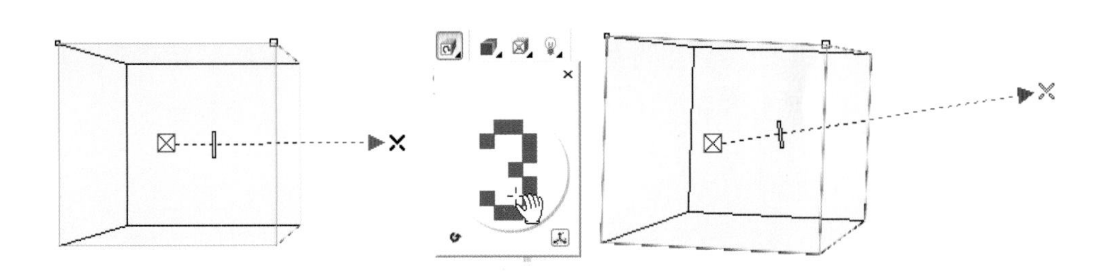
图 5-38　旋转立体化对象

使用鼠标单击处于选中状态的立体化对象，此时，立体化对象上会出现一个圆形的旋转调节器，将鼠标指针移至旋转调节器4个控制点的任意一个上，按住鼠标左键并拖动，即可旋转立体化对象，如图5-39所示。将鼠标指针移至调节器内，鼠标指针变为形状，按住鼠标左键拖动，可以对立体对象进行任意角度的旋转。

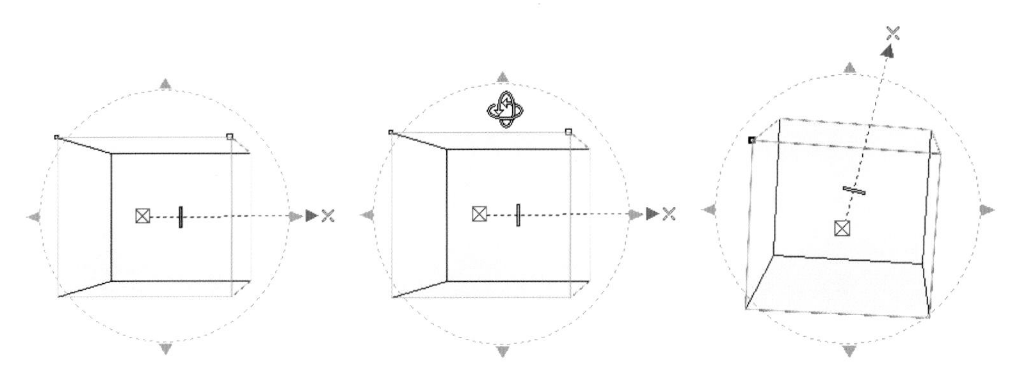

图 5-39 用鼠标旋转立体化对象

4. 立体化颜色填充

在交互式立体化工具属性栏中单击“颜色”按钮，可打开颜色面板，在其中可设置立体化对象的颜色。

单击“使用纯色”按钮，可激活第一个颜色选择按钮，单击此下拉按钮，可从打开的调色板中选择填充色，如图5-40所示。

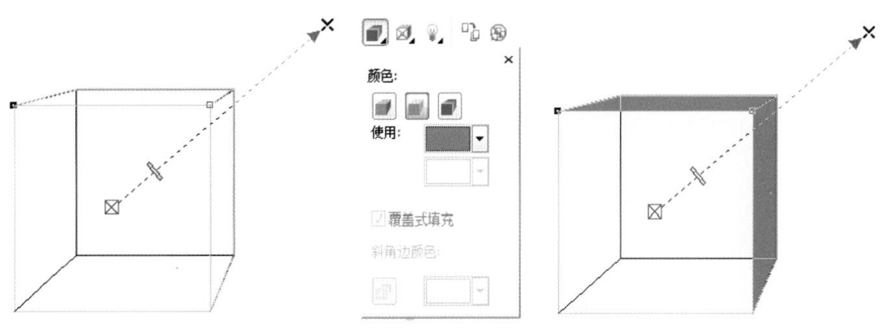

图 5-40 使用纯色填充立体化对象

在打开的颜色面板中单击“使用递减的颜色”按钮，可激活 从: 与 到: 右侧的两个下拉按钮，单击 从: 右侧的下拉按钮，可从打开的调色板中选择立体化部分的填充色；单击 到: 右侧的下拉按钮，可从打开的调色板中选择立体化对象的阴影颜色，从而制作出立体化的渐变效果，如图5-41所示。

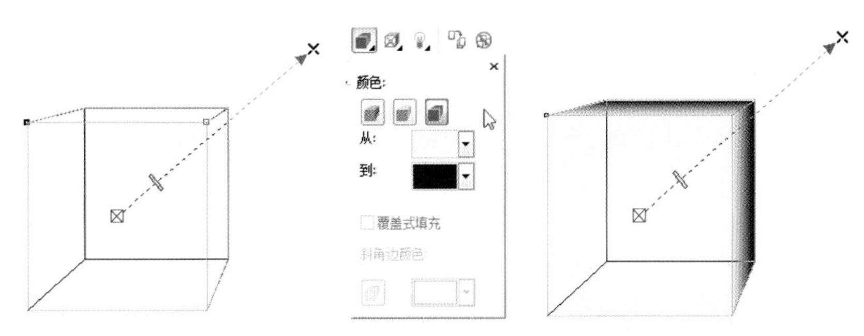

图 5-41 使用递减的颜色填充立体化对象

5. 立体化照明

立体效果的表现主要依赖于光线的变化。使用交互式立体化工具可以为对象设置照明效果。在交互式立体化工具属性栏中单击“照明”按钮，打开立体化照明控制面板，此面板中提供了三个光源，从中选择相应的光源，可制作出立体化照明效果，如图5-42所示。

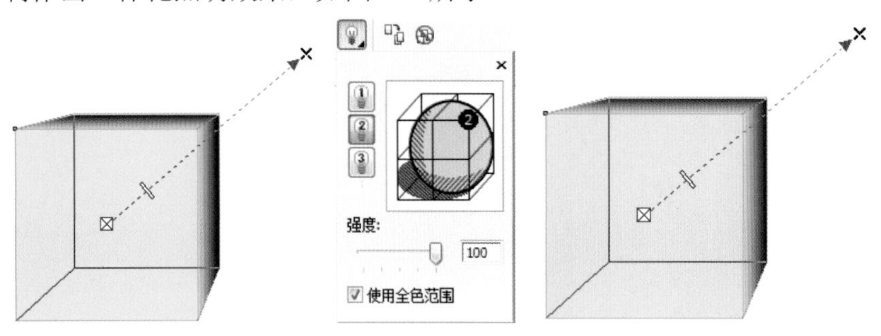

图 5-42　立体化照明效果

6. 立体化倾斜对象

在交互式立体化工具属性栏中单击“立体化倾斜”按钮，可打开斜角修饰边控制面板，在此面板中的斜角修饰边深度微调框 2.0 mm 与斜角修饰边角度微调框 45.0° 中输入适当的斜角深度与角度数值，可制作出带有斜边的立体效果，如图5-43所示。

如果选中☑只显示斜角修饰边 复选框，可得到一个仅有斜边而没有深度的立体效果。

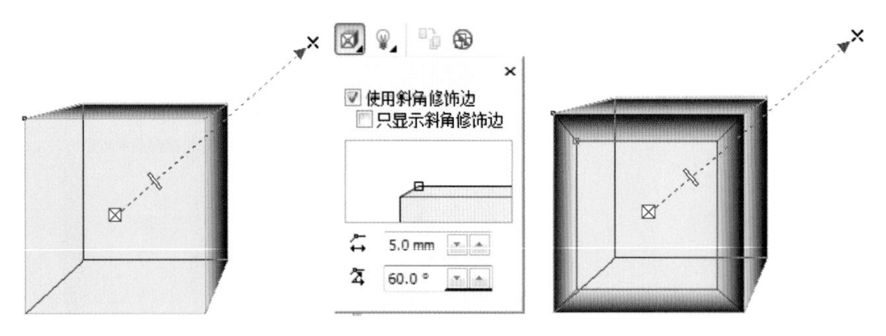

图 5-43　为立体化对象修饰斜边

5.1.7　交互式透明

使用交互式透明工具可以使对象产生多种透明效果，如均匀、渐变、图案和底纹等透明效果。该效果可应用于矩形、椭圆形、多边形、段落文本，以及各种线条和位图对象，而不能应用于立体化对象、调和效果或轮廓图效果之中。

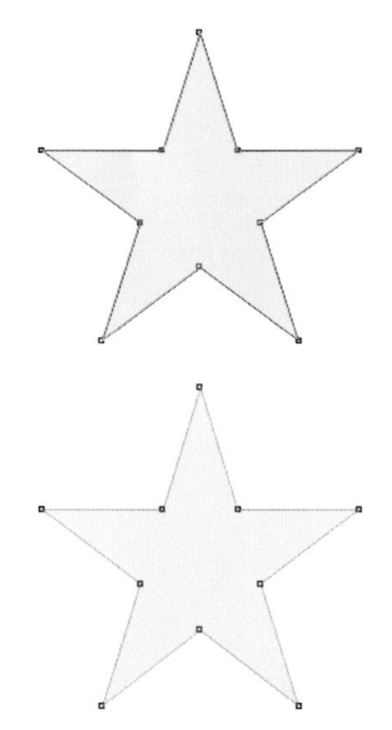
图 5-44　创建标准透明效果

1. 标准透明效果的创建

选择需要创建标准透明效果的对象，单击工具箱中的“交互式透明工具”按钮，在其属性栏中的透明度类型下拉列表 无 中选择“标准”选项，此时所选的对象效果如图5-44所示。

在交互式透明工具属性栏中的透明度类型下拉列表 正常 中提供了多种不同的透明模式，可以根据需要进行选择。在开始透明度输入框 100 中输入数值，可设置透明的程度，其取值范围为0～100，0表示无透明效果，100表示完全透明。

在属性栏中的透明度目标下拉列表 全部 中，可设置透明度的范围，包括3个选项，即全部、填充与轮廓。

2. 渐变透明度的创建

交互式透明工具属性栏中的透明度类型下拉列表 无 中提供了4种渐变过渡的方式，即线性、圆锥、射线和方角，用户可根据需要进行选择。

在交互式透明工具属性栏中的透明度类型下拉列表 无 中选择 线性 选项，此时可为所选的对象创建渐变透明度效果，如图5-45所示，用鼠标拖动黑色控制块，可调整线性渐变的方向，如图5-46所示。

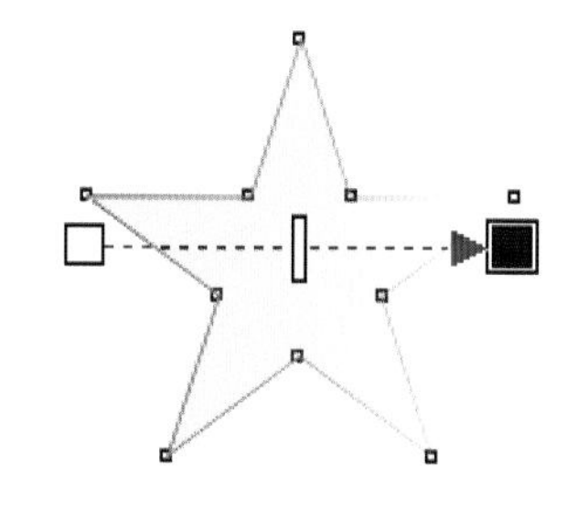

图5-45 交互式线性透明模式

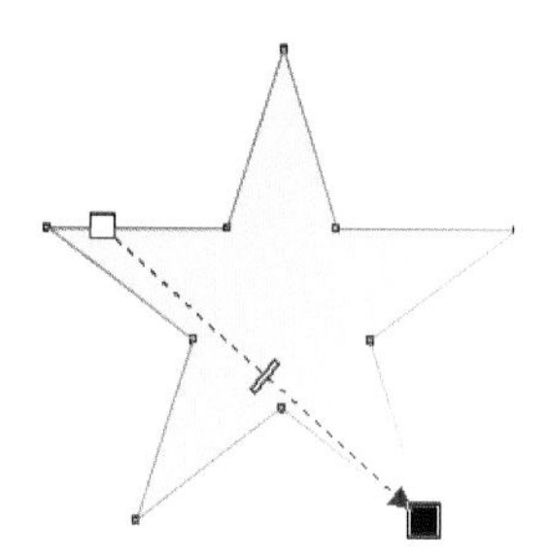

图5-46 更改透明角度

3. 图样透明度的创建

图样透明度与图样填充一样，也有双色、全色与位图3种方式。在交互式透明工具属性栏中的透明度类型下拉列表 无 中选择 双色图样 选项，可显示出该选项的属性栏，如图5-47所示。

选择对象后，在属性栏中单击 下拉列表框，从弹出的下拉列表中选择一种预设的图样，即可将所选的图样应用于所选的对象中，如图5-48所示。

图5-47 双色图样透明属性栏

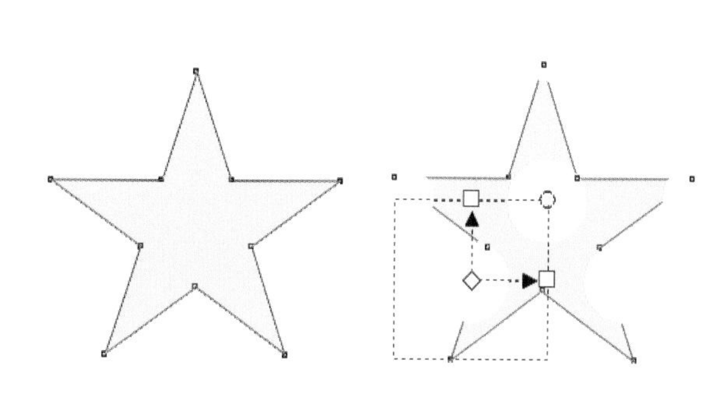

图5-48 应用图样透明度

利用交互式透明的方式可以进一步调节图的透明位置、大小、角度与颜色，只需要将鼠标指针移至控制色块上，按住鼠标左键并移动，就可以进行旋转变换了。变换不但可以调节虚线图样的倾斜度，而且可以对图样的中心进行调节，如图5-49所示。

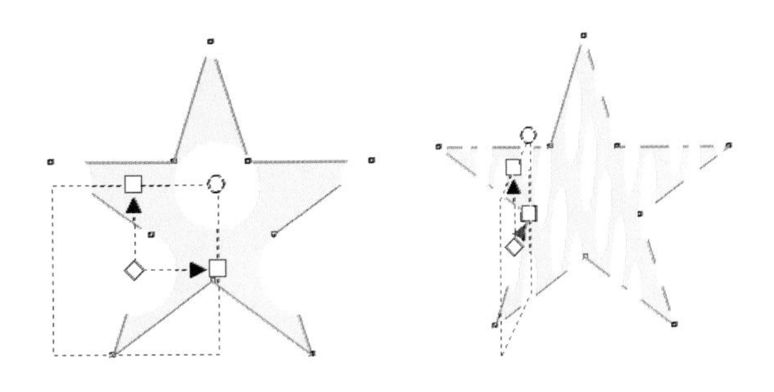

图 5-49　调节图样透明度

4. 底纹透明度

要为对象制作底纹透明效果，其具体的操作方法如下：

(1)使用挑选工具选择多边形对象，如图5-50（a）所示。

(2)单击工具箱中的“交互式透明工具”按钮，在属性栏中的透明度类型下拉列表“无”中选择“底纹”选项，并在属性栏中的下拉列表中选择所需的底纹，如图5-50（b）所示。

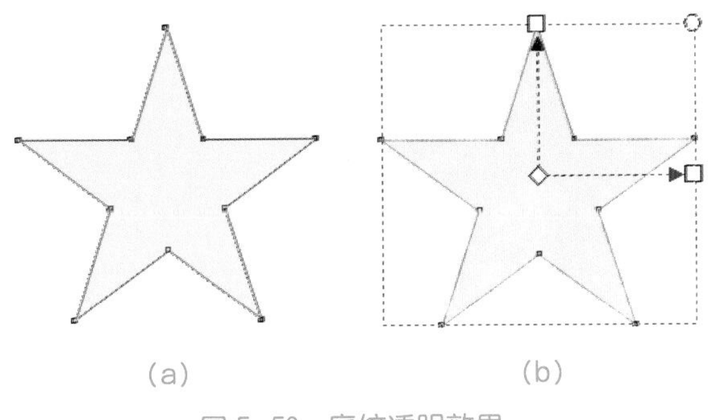

(a)　　(b)

图 5-50　底纹透明效果

在所有交互式透明类型的属性栏中都有一个“冻结”按钮，单击此按钮，就可以将设置好的透明度固定在这个对象中，但对图形对象的操作将会变得缓慢。

在交互式透明工具属性栏中单击“复制透明度属性”按钮，就可以将已经应用透明度效果的图形中的透明效果复制到另一个图形中。其操作方法很简单，只需要使用挑选工具选择一个需要进行透明处理的对象，单击工具箱中的“交互式透明工具”按钮，在弹出的属性栏中单击“复制透明度属性”按钮，此时，鼠标指针显示为➡形状，移动鼠标至已经做好透明处理的对象上，单击鼠标左键，即可将该对象的透明属性全部复制到所选的对象中。

5.2 交互式填充工具组

使用交互式填充工具可以制作出丰富多样的填充效果。利用工具箱中的交互式填充工具与交互式网状填充工具，可以对图形进行交互式填充。

5.2.1 交互式填充

使用交互式填充工具，可以对所选图形对象进行标准填充、渐变填充、图案填充以及底纹填充或取消填充等操作。

单击工具箱中的“交互式填充工具”按钮，其属性栏显示如图5-51所示。

在属性栏中单击填充类型下拉列表框，弹出下拉列表，如图5-52所示，可从中选择填充的类型。如果选择 方角 选项，可以方角填充方式填充图形对象，如图5-53所示。

图 5-51 交互式填充工具属性栏

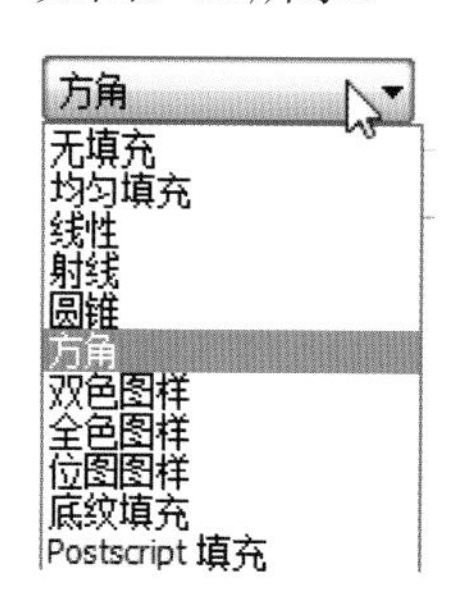

图 5-52 填充类型下拉列表

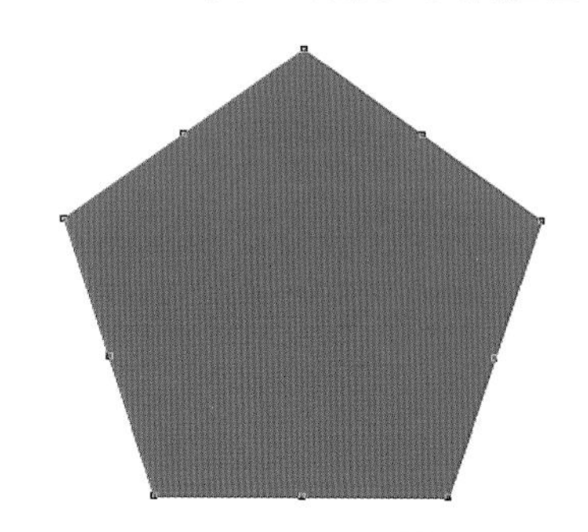

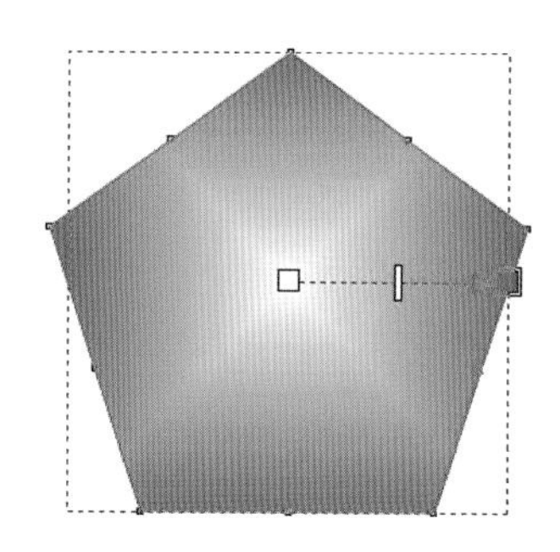

图 5-53 以方角填充方式填充对象

在图5-53中，虚线连接的两个小方块代表着渐变色的起点与终点，线条中央的小方块代表渐变填色的中心点。用鼠标调整渐变条上的起点、终点或中间点的位置，就会改变渐变填充的分布状况。

在属性栏中单击填充颜色下拉列表框，可从弹出的下拉列表中选择不同的颜色。

在渐变填充中心点微调框 50 % 中设置参数，可设置交互式填充的中心位置。

在渐变填充角和边界微调框 中设置参数，可设置交互式填充的角度和宽度。

渐变步长值微调框 256 中的参数值越大，渐变就越光滑。

单击“复制填充属性”按钮，可以将填充后的交互式填充属性复制到当前要进行交互式填充的图形上。

5.2.2 交互式网状填充

使用交互式网状填充工具可以更方便、更容易地对图形对象进行变形或填充，还可以给每个网点填充不同的颜色。

使用挑选工具选择图形对象后，单击工具箱中的“交互式填充工具”按钮右下角的小三角，在隐藏的工具组中单击“交互式网状填充工具”按钮，此时将会在所选的图形对象上显示出一些网格，如图5-54所示。

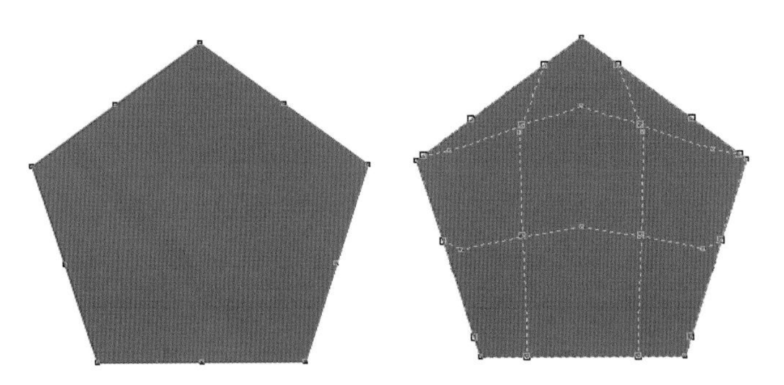

图 5-54　使用交互式网状填充工具

交互式网状填充工具的属性栏如图5-55所示，在其中可以设置水平或垂直方向上的网格数目。

在属性栏中的网格大小微调框 中设置参数，可以设置网格的密度和数量。

在属性栏中单击“添加交叉点”按钮 ，可以在网格线上添加一个节点。

在属性栏中单击“删除节点”按钮 ，可以将网格线上的节点删除。

单击属性栏中的“复制网状填充属性”按钮 ，可将图形的网格属性复制到新的图形上。

使用鼠标在任意一个网格中单击，即可将该网格选中，然后在调色板中选择一种颜色，将会看到所选颜色以选中的网格为中心，向外分散填充，如图5-56所示。

图 5-55 交互式网状填充工具属性栏

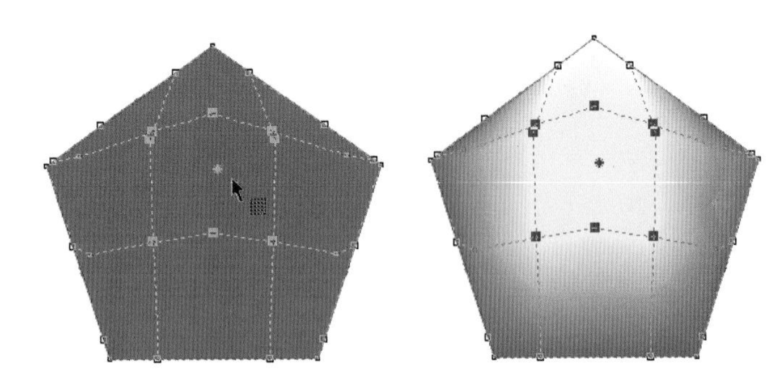

图 5-56　交互式网状填充效果

如果选中网格上的节点，则所选颜色将以该节点为中心向外分散填充。

用鼠标调节网格上的节点，即可改变所填充区域的颜色，如图5-57所示。

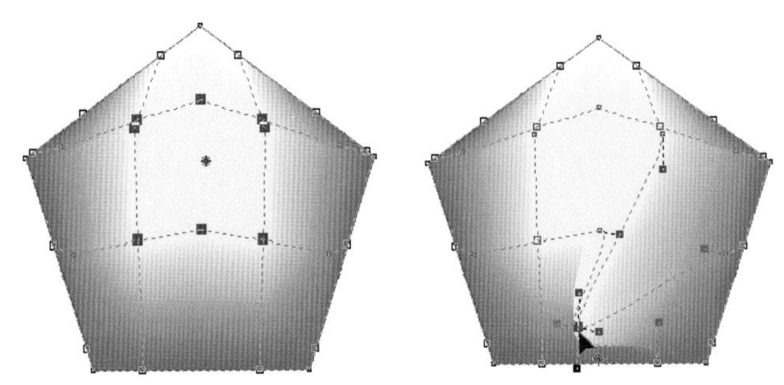

图 5-57　改变填充区域的颜色

以上介绍的都是封闭对象的填充，如果要对一个开放曲线进行填充，先单击工具栏中的“自动闭合路径”按钮 ，将开放曲线转换为闭合对象。

5.3 应用实例——“齿轮”效果的制作

1. 创作目的

制作“齿轮”效果，在制作过程中主要用到椭圆形工具、矩形工具、渐变填充工具、贝塞尔工具及调和工具等，最终效果如图5-58所示。

图5-58 “齿轮”最终效果图

2. 创作要点

掌握填充工具的应用与交互式填充工具的使用，可以制作简单的填充效果。

3. 创作步骤

(1)选择文件(F)→新建(N)命令，新建一个文件。

(2)单击工具箱中的“星形工具”按钮，设置其参数如图5-59所示。

图5-59 星形工具属性栏

(3)在绘图区中拖动鼠标绘制星形对象，并填充80%，效果如图5-60所示。

(4)单击工具箱中的“椭圆形工具”按钮，按住“Ctrl”键绘制正圆，选中两个对象，按“E”键和“C”键使对象水平居中对齐和垂直居中对齐，效果如图5-61所示。

图5-60 绘制星形并填充

图5-61 绘制正圆形并居中

(5)按小键盘区的“+”号键复制正圆，为了区分，可为其填充黄色，调整其大小，使其覆盖星形的大部分，效果如图5-62所示。

(6)按“Shift+Page Down”键将大圆置于最下层，效果如图5-63所示。

图5-62 调整圆大小

图5-63 将大圆置于最下层

(7)打开“造形”泊坞窗，选择其中的“焊接”选项，选中小圆和星形，单击“焊接到”按钮后单击小圆，焊接后的效果如图5-64所示。

(8)选择“造形”泊坞窗中的“相交”选项，选中大圆，单击“相交”按钮后单击焊接后图形，相交效果如图5-65所示。

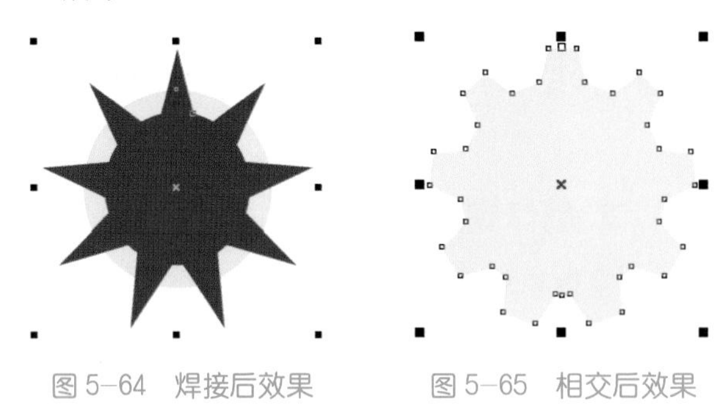

图 5-64　焊接后效果　　图 5-65　相交后效果

(9)选择工具箱中的“椭圆形工具”按钮，按住“Ctrl”键在图中绘制正圆，并使之与原图形垂直对齐和水平对齐，效果如图5-66所示。

(10)选择“造形”泊坞窗中的“修剪”选项，选中小圆，单击“修剪”按钮后单击多边形，修剪后更改其颜色为80%黑，效果如图5-67所示。

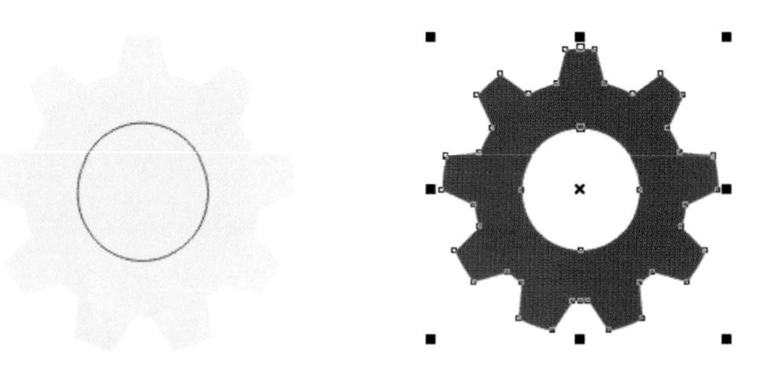

图 5-66　绘制小圆并对齐　　图 5-67　修剪并更改颜色后效果

(11)选择工具箱中的“交互式立体化工具”按钮，拖动鼠标使图形产生立体化效果，如图5-68所示。

(12)选择交互式立体化工具属性栏中的“使用递减颜色”按钮，在弹出的对话框中设置渐变为黑色到灰色，设置其他参数如图5-69所示。

(13)单击“确定”按钮，渐变效果如图5-70所示。

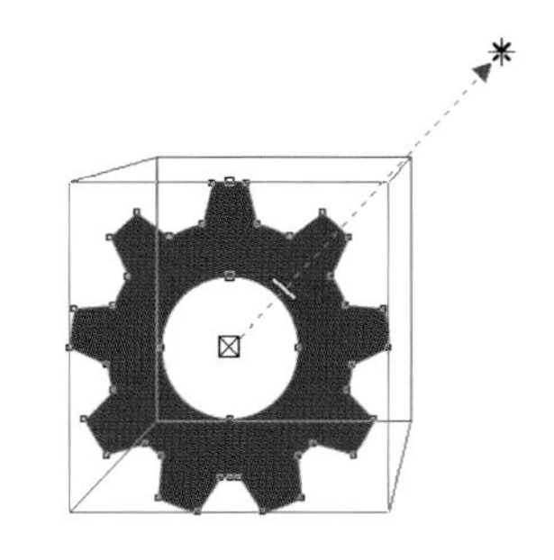

图 5-68　拉出立体化效果

图 5-69　设置递减颜色参数

图 5-70　渐变效果

(14)复制齿轮并调节其立体化角度，效果如图5-71所示。

图5-71 调整其立体化角度

(15)使用同样的方法再次复制齿轮并调节其立体化角度，最终效果如图5-58所示。

第6章 透镜效果与图形色调

◘ 学习目标

在CorelDRAW X6中除了可以对对象的形状与颜色进行调整外，还可以为对象制作多种透镜效果，对图形进行色调的调整。本章主要介绍透镜的使用和色调的调整方法。

◘ 学习要点

◎透镜的使用
◎调整图形的色调
◎图框精确剪裁对象
◎添加透视点

6.1 透镜的使用

透镜是CorelDRAW X6的一种较为特殊的功能，应用透镜功能可以使位于它之下的对象产生相应的变化，如颜色的变化、对象的变形效果等。透镜可用于封闭的对象，而不能应用于添加了立体化、轮廓图或调和效果的对象。

选择菜单栏中的效果(C)→透镜(S)命令，打开透镜泊坞窗，如图6-1所示，无透镜效果下拉列表中有10多种透镜类型，用户可以根据需要从中选择合适的透镜类型。

在透镜泊坞窗底部单击按钮，使其显示为，此时可激活应用按钮，单击“应用”按钮可将透镜效果应用于所选的对象上。

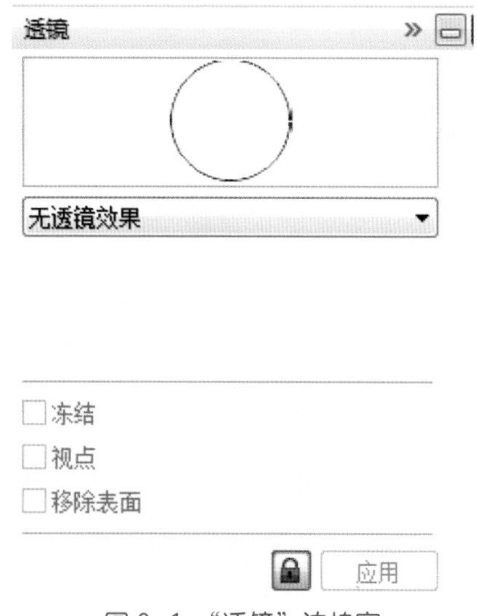

图6-1 “透镜”泊坞窗

6.1.1　应用透镜

要应用透镜效果，其具体的操作方法如下：

(1)如果要对位图进行透镜处理，则需要先导入位图对象，然后在位图需要改变的区域绘制一个封闭的图形对象，并进行填充，使其作为透镜的镜头，如图6-2所示。

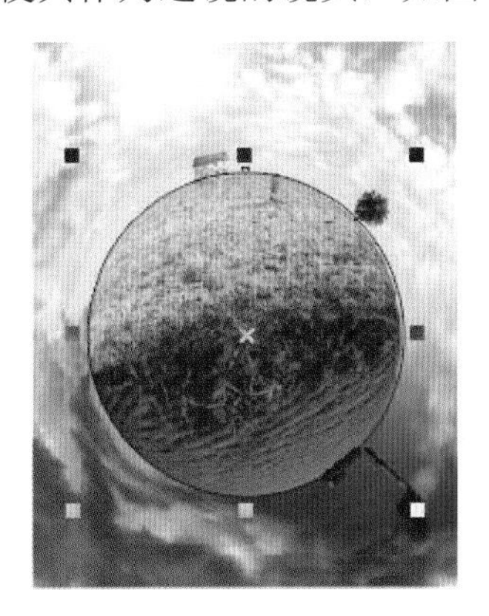
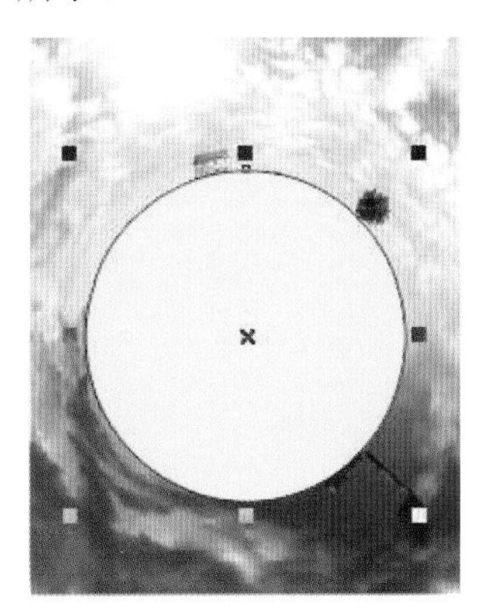

图6-2　创建透镜的镜头

(2)选择菜单栏中的 效果(C) → 透镜(S) 命令，打开 透镜 泊坞窗。

(3)在 透镜 泊坞窗中的透镜类型下拉列表 无透镜效果 中选择需要设置应用的选项，并在 比率(E): 60 % 框中输入数值，可改变图像的明暗比例，单击 应用 按钮，即可看到镜头下面的图像亮度发生了改变。

6.1.2　使用透镜效果

CorelDRAW X6提供了11种透镜效果，使用不同的透镜可以制作出不同的透镜效果。

1. 变亮

在透镜类型下拉列表中选择 变亮 选项，然后在 比率(E): 50 % 输入框中输入数值，它的取值范围为0～100%，最后单击 应用 按钮，得到的透镜效果如图6-3所示。

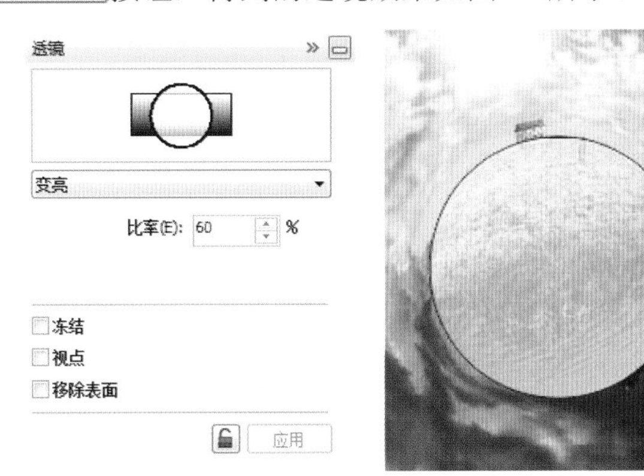

图6-3　应用变亮透镜的图形效果

2. 颜色添加

颜色添加透镜可以将对象的颜色与透镜的颜色当成光线，将这些光线混合起来就产生了透镜的新增色效果。

在透镜类型下拉列表中选择颜色添加选项，然后在比率(E): 50 %输入框中输入数值，它的取值范围为0～100%，0表示没有光线添加到对象上，因此对象的颜色不变。单击颜色:右侧的下拉列表框，可从打开的调色板中选择一种透镜的颜色，最后单击应用按钮，得到的透镜效果如图6-4所示。

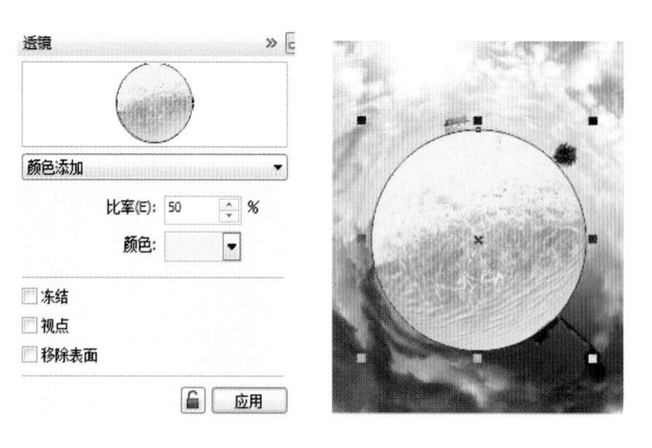

图 6-4　应用颜色添加透镜的图形效果

3. 色彩限度

色彩限度透镜的效果与照相机上的颜色过滤镜片类似，只显示透镜本身的颜色与黑色，而其他的颜色将被转换成透镜的颜色。

在透镜类型下拉列表中选择色彩限度选项，然后在比率(E): 50 %输入框中输入数值，设置透镜的深度，数值越大，限制就越大；在颜色:列表中选择透镜的颜色，最后单击应用按钮，得到的效果如图6-5所示。

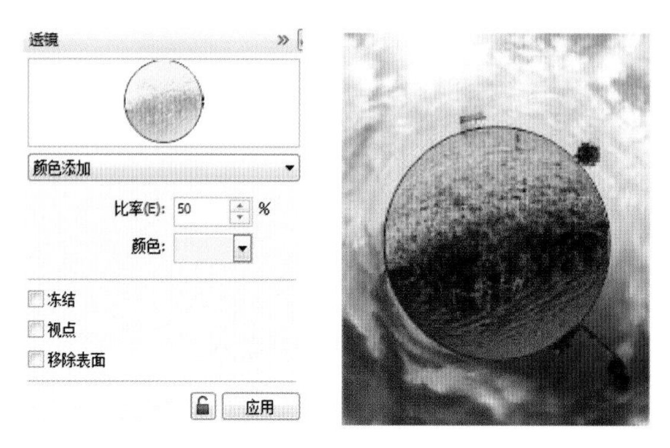

图 6-5　应用色彩限度透镜的图形效果

4. 自定义彩色图

自定义彩色图透镜可以将对象的填充色转换为双色调。在转换颜色时以亮度为基准，以设置的起始颜色和终止颜色为色调进行颜色转换。

在透镜类型下拉列表中选择自定义彩色图选项，在从:与到:下面的颜色列表中为透镜选择两种颜色，单击<>按钮，可交换所选的两种颜色的顺序，这种颜色的变化过程有3种，分别为直接调色板、向前的彩虹与反转的彩虹。

单击应用按钮，应用了自定义彩色图透镜的图形效果如图6-6所示。

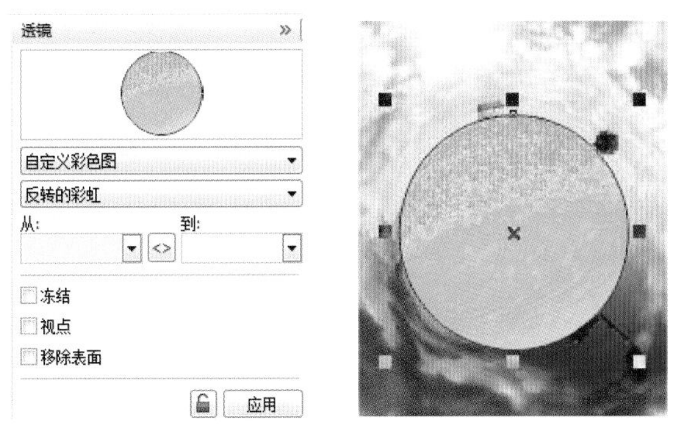

图 6-6　应用自定义色彩图透镜的图形效果

5. 鱼眼

鱼眼透镜可以使透镜下的对象产生大小的扭曲，使图像呈现变形、放大或缩小的状态。可以通过设置比率来控制扭曲的程度，比率的取值范围为-1000%～1000%。数值为正数时，向外突出；数值为负数时，向内凹陷。设置比率为500%的效果如图6-7所示。

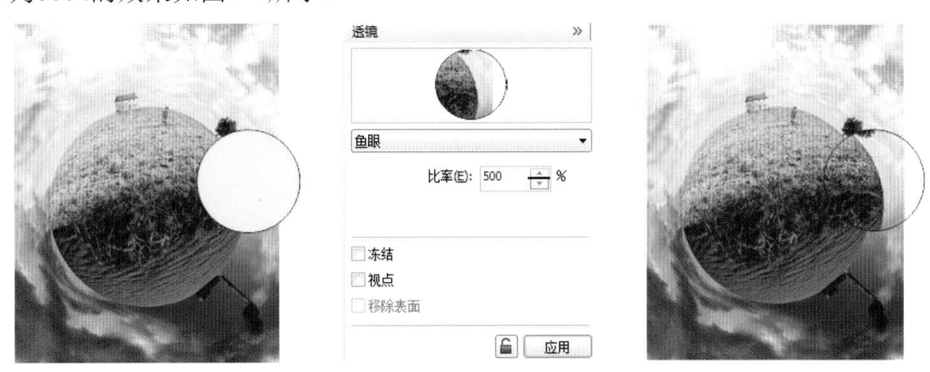

图 6-7　应用鱼眼透镜的图形效果

6. 热图

热图透镜可使图像产生红外图像的效果。该透镜使用红、橙、黄、白、青、蓝、紫等几种颜色来调节透镜作用下图像的冷暖效果。

在透镜类型下拉列表中选择 热图 选项，在 调色板旋转: 中输入数值，可控制透镜对象的冷暖色，暖色显示为红色和橙色，冷色显示为青色和紫色。输入数值为0或100时，就会使透镜下的暖色显示为青色和白色；输入数值为50时，就会使透镜下的冷色显示为红色，效果如图6-8所示。

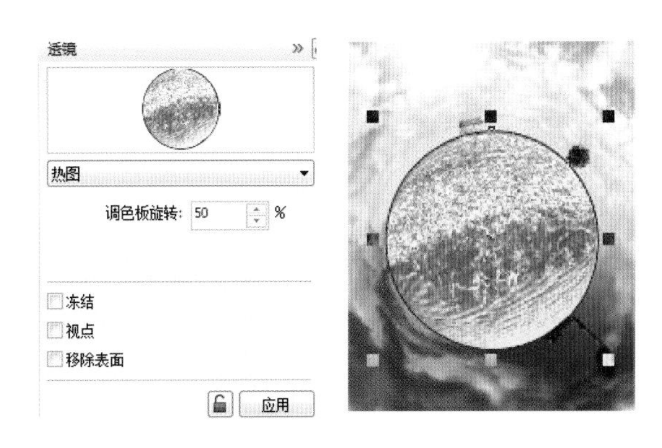

图 6-8　应用热图透镜的图形效果

7. 反显

反显透镜可以使透镜下的所有对象都以CMYK颜色的补色显现出来。如果对照片使用此透镜，则可显示出照片的底片效果。

8. 放大

放大透镜可使透镜下面的对象按设置的倍数放大。在透镜类型下拉列表中选择放大选项，在数量(U): 2.0 x输入框中输入数值，设置放大的倍数。

9. 灰度浓淡

使用灰度浓淡透镜可以将图像的颜色变为等值的灰度。

10. 透明度

透明度透镜可使对象显示透镜的颜色，透镜的颜色可以是任意的，也可以根据需要进行设置。

11. 线框

线框透镜可设置对象显示透镜的填充色和轮廓线，透镜的颜色可以根据需要进行设置。

6.1.3 透镜通用参数设置

透镜泊坞窗中有☑冻结、☑视点、☑移除表面 3个复选框，通过它们可以设置各种透镜效果。

1. 冻结效果

在透镜泊坞窗中选中☑冻结复选框，可将透镜效果与下面的对象锁定，不管将其移至什么地方，透镜效果和对象内容都不会改变。冻结之后就可以移动透镜，也可以进行复制等操作。

2. 视点效果

创建好一种类型的透镜后，在其相应的透镜泊坞窗中选中☑视点复选框，此时，该复进框右侧会出现一个编辑按钮，单击此按钮，透镜中心会显示✕标记，移动此标记可更改视点的位置，也可在透镜泊坞窗中的X:与Y:坐标值输入框中设置视点的位置。

3. 移除表面效果

在透镜泊坞窗中选中☑移除表面复选框，透镜将只作用于下面对象，使下面对象之外的区域保持通透性。

6.1.4 取消透镜效果

要取消对象的透镜效果，可以在“透镜”泊坞窗中的“透镜类型”下拉列表中选择无透镜效果选项，单击应用按钮，即可取消对象应用的透镜效果。

6.2 调整图形的色调

在CorelDRAW X6中可以对图形进行色调的调整。本节主要介绍调整图形色调的方法。

6.2.1 调整亮度、对比度和强度

使用亮度/对比度/强度命令可以调整对象的亮度、对比度与强度。

使用挑选工具选择需要调整的图形对象，单击效果(C)→调整(A)→亮度/对比度/强度(I)...命令，弹出亮度/对比度/强度对话框，如图6-9所示。

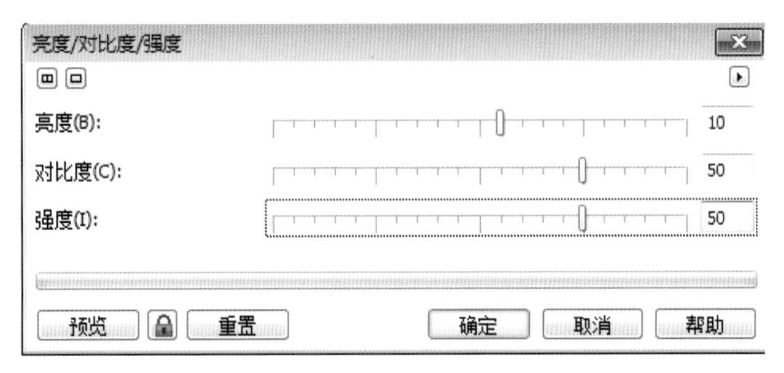

图 6-9 “亮度 / 对比度 / 强度”对话框

在亮度(B):输入框中输入数值，可改变图形的亮度，也可直接用鼠标拖动滑块进行调整，其取值范围为-100～100。

在对比度(C):输入框中输入数值，可调整图形颜色的对比，也就是调整最深或最浅颜色之间的差异。

在强度(I):输入框中输入数值，可调整图形浅色区域的亮度，同时不降低深色区域的亮度。

设置好参数后，单击预览按钮，可预览色调的调整效果。预览满意后，单击确定按钮，调整前后的效果如图6-10所示。

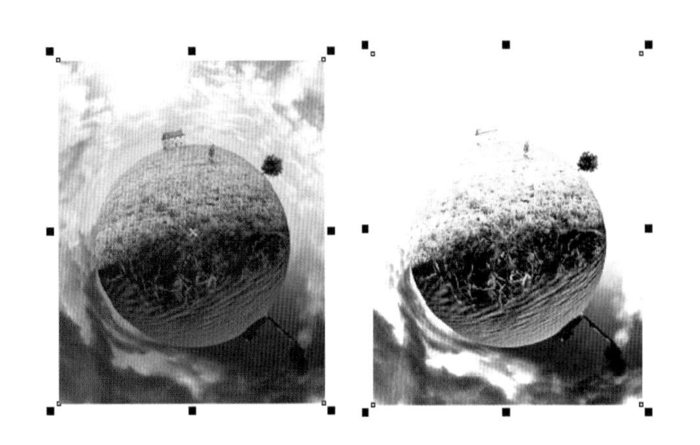

图 6-10 调整亮度 / 对比度 / 强度前后效果对比

6.2.2 调整颜色平衡

使用颜色平衡命令可以调整对象的色彩，使其达到平衡的效果。

使用挑选工具选择图形后，单击菜单栏中的效果(C)→调整(A)→颜色平衡(L)...命令，弹出颜色平衡对话框，如图6-11所示。

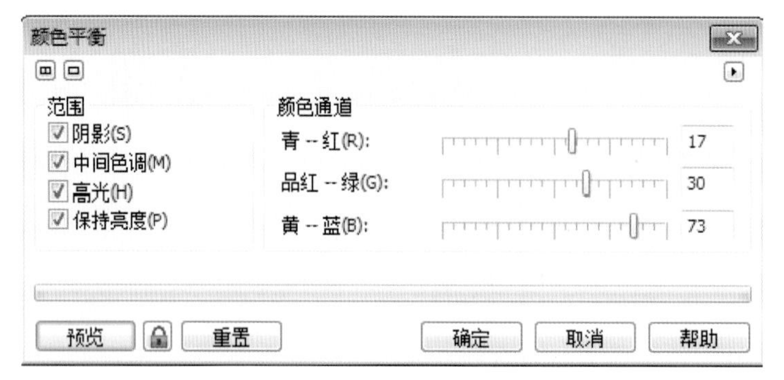

图 6-11 “颜色平衡”对话框

在范围选项区中可选择图像的调整范围，选中阴影(S)复选框，可以对图形阴影区域的颜色进行调整；选中中间色调(M)复选框，可以对图形中间色调区域的颜色进行调整；选中高光(H)复选框，可以对图形高光区域的颜色进行调整；选中保持亮度(P)复选框，可以在调整图形颜色的同时保持图形的亮度不受影响。

在颜色通道选项区中拖动各项的滑块，即可对图形需要调整的颜色范围进行精细的调整。拖动青--红(R):滑块，可以在图形中添加青色和红色，用来校正该图形中不均衡的颜色，向右移动滑块可添加红色，向左移动滑块可添加青色；拖动品红--绿(G):滑块，可在图形中添加品红色和绿色，用于校正图形中不均衡的颜色，向右移动滑块可添加绿色，向左移动滑块可添加品红色；拖动黄--蓝(B):滑块，可在图形中添加黄色和蓝色，用于校正图形中不均衡的颜色，向右移动滑块可添加蓝色，向左拖动滑块可添加黄色。

设置好参数后，单击确定按钮，图像效果如图6-12所示。

图 6-12 调整颜色平衡前后效果对比

6.2.3 调整伽玛值

使用挑选工具选择需要调整的图形，单击菜单栏中的效果(C)→调整(A)→伽玛值(G)...命令，弹出伽玛值对话框，如图6-13所示。

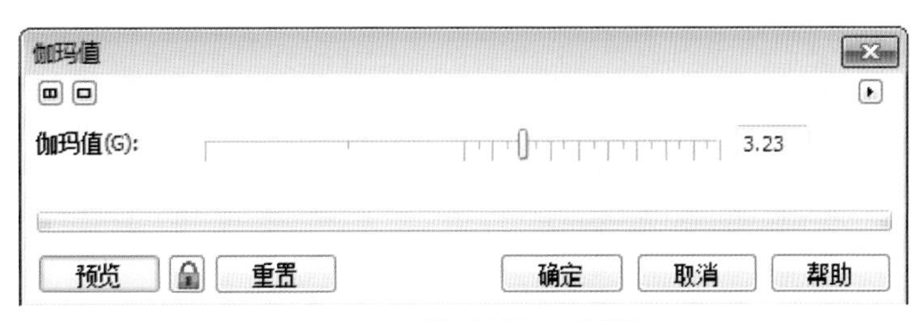

图 6-13 “伽玛值”对话框

用鼠标拖动伽玛值(G):滑块，可以设置对象中的所有颜色范围，但主要可调整对象中的中间色调，对对象中的深色和浅色影响较小。

调整数值后，单击确定按钮，效果如图6-14所示。

图 6-14 调整伽玛值前后效果对比

6.2.4 调整色度、饱和度和亮度

使用色度/饱和度/亮度命令可以调整对象的色度、饱和度和亮度。

使用挑选工具选择需要调整色调的图形后，单击菜单栏中的效果(C)→调整(A)→色度/饱和度/亮度(S)...命令，弹出色度/饱和度/亮度对话框，如图6-15所示。

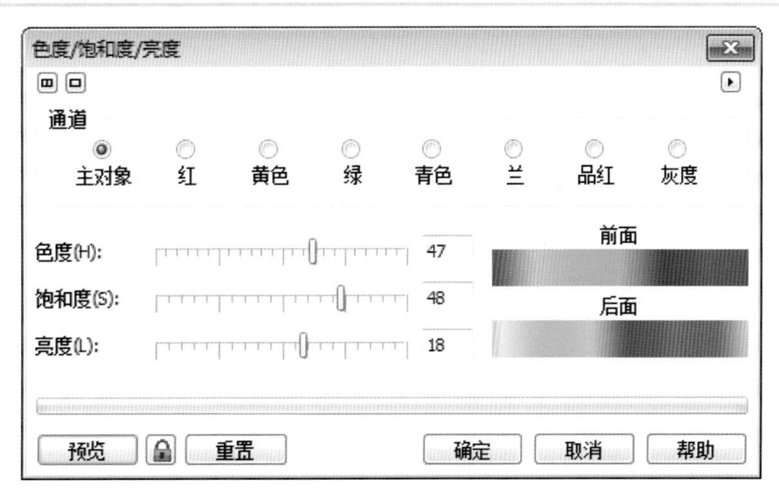

图 6-15 “色度／饱和度／亮度”对话框

在 通道 选项区选择需要调整的色频；拖动 色度(H): 滑块可改变图形的颜色，拖动 饱和度(S): 滑块可改变图形颜色的深浅程度，拖动 亮度(L): 滑块可改变图形的明暗程度。设置后的效果如图6-16所示。

图 6-16 调整色度 / 饱和度 / 亮度前后效果对比

此外，通过 效果(C) 子菜单中的 调整(A) 与 变换(N) 命令，还可以对位图对象进行调整，从而快速地创造出多种图像效果。

6.3 图框精确剪裁对象

使用图框精确剪裁功能可以将一个矢量对象或位图图像放置到其他对象中。图框精确剪裁的容器对象必须是封闭路径的对象。

6.3.1 置于容器内

要创建图框精确剪裁对象，其具体的操作方法如下：

(1)使用挑选工具选择要置于容器中的对象。

(2)选择菜单栏中的 效果(C) → 图框精确剪裁(W) → 置于图文框内部(P)... 命令，此时鼠标指针变为 ➡ 形状后，将鼠标移至希望作为容器的对象上，然后单击，即可将图像置于容器内，如图6-17所示。

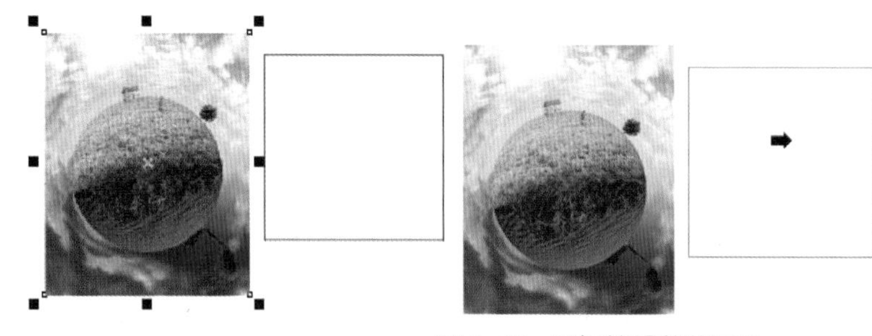

图 6-17 图框精确剪裁图像

6.3.2 提取内容

在创建图框精确剪裁对象后，可以将该对象提取出来。其操作方法很简单，只需要单击菜单栏中的效果(C)→ 图框精确剪裁(W) → 提取内容(X) 命令，此时内置的对象和容器就被分为两个对象，如图6-18所示。

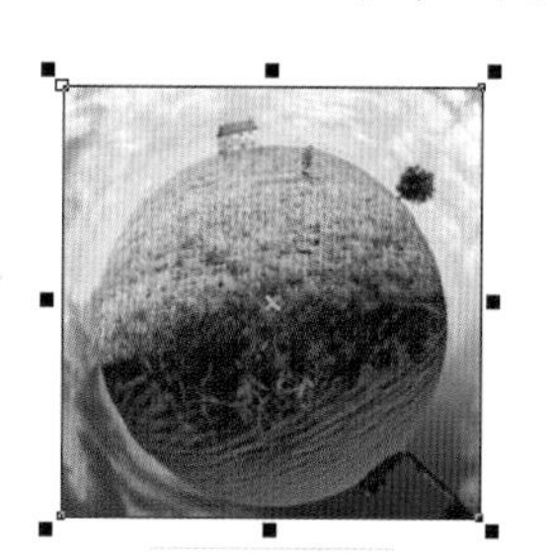
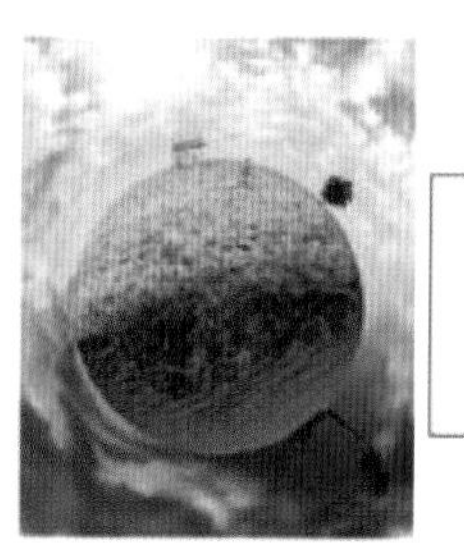

图 6-18　提取图框精确剪裁图像

6.3.3　编辑内容与结束编辑

创建图框精确剪裁对象后，可以对放置在容器中的内容进行编辑，使用效果(C)→ 图框精确剪裁(W) → 编辑 PowerClip(E) 与效果(C)→ 图框精确剪裁(W) → 结束编辑(F) 命令可以完成这些操作。具体的操作方法如下：

(1)使用挑选工具选中一个需要进行编辑的图框精确剪裁容器与对象，如图6-19所示。

(2)选择菜单栏中的效果(C)→ 图框精确剪裁(W) → 编辑 PowerClip(E) 命令，此时图形变成图6-20所示的效果。

(3)对容器中的对象进行编辑后，选择菜单栏中的效果(C)→ 图框精确剪裁(W) → 结束编辑(F) 命令，结束对容器中对象的编辑，此时将只显示包含在容器内的部分，如图6-21所示。

图 6-19　选择图框精确剪裁对象

图 6-20　编辑对象

图 6-21　完成编辑对象

6.4 添加透视点

CorelDRAW X6提供了添加透视点功能，使用此功能可以改变图形的透视点，从而制作出具有三维空间距离与深度的透视效果。透视效果是将一个对象的一边或相邻的两边缩短之后产生的，所以透视可分为单点透视和双点透视。

6.4.1　单点透视

单点透视是缩短对象的一边，使对象呈现出向一个方向后退的效果。使用单点透视的方法如下：

(1)在绘图区中绘制一个图形对象，然后选择菜单栏中的效果(C)→添加透视(P)命令，这时，在对象周围显示一个虚线外框与4个控制点，如图6-22所示。

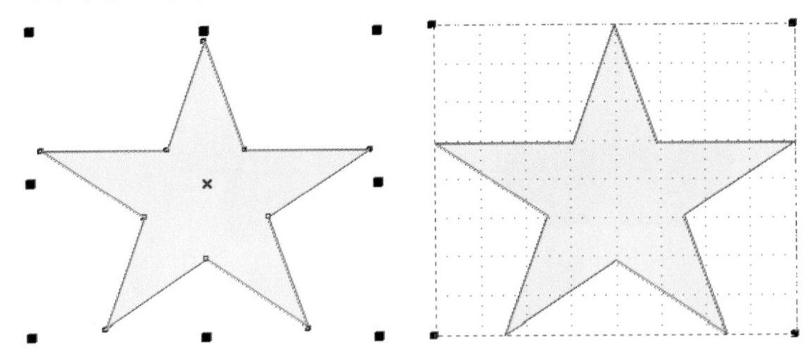

图 6-22 单击“添加透视”命令后

(2)将光标移到任意一个控制点上，按住“Ctrl”键的同时单击鼠标左键并拖动，使节点向水平或垂直方向移动，从而创建出单点透视效果，如图6-23所示。

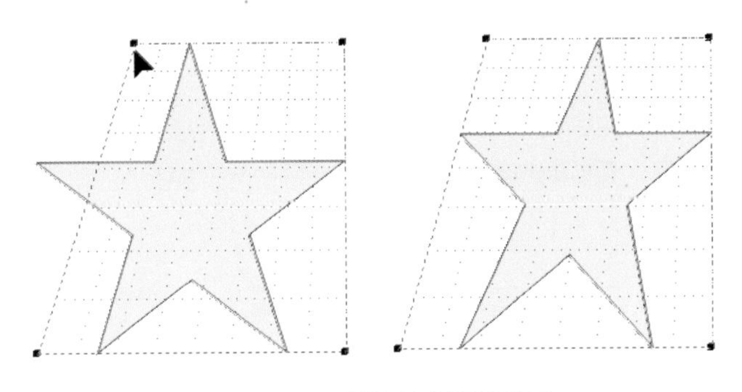

图 6-23 创建单点透视效果

在移动控制点时，会发现消逝点✕也随着移动，如果直接用鼠标拖动消逝点✕，也可以获得各种角度的透视效果。

6.4.2 双点透视

双点透视就是改变对象两条边的长度，从而使对象呈现出向两个方向后退的效果。

要添加双点透视，其具体的操作方法如下：

(1)创建需要进行双点透视的对象，并使用挑选工具将其选择。

(2)选择菜单栏中的效果(C)→添加透视(P)命令，此时所选的对象周围出现一个虚线外框和4个黑控制点。

(3)将光标移至任意一个控制点上，按住鼠标左键沿着图形的对角线方向拖动，即可创建出双点透视效果，如图6-24所示。

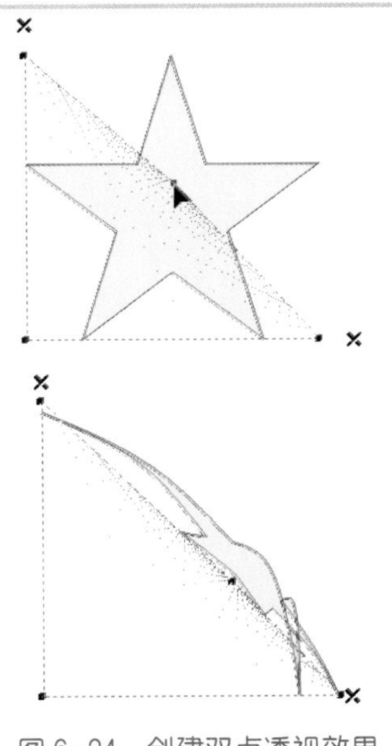

图 6-24 创建双点透视效果

6.5 应用实例——望远镜效果

1. 创作目的

制作望远镜效果，如图6-25所示。

图 6-25　望远镜最终效果图

2. 创作要点

制作过程中主要用到了椭圆形工具、填充工具以及放大透镜效果等。

3. 创作步骤

(1)选择菜单栏中的 文件(F) → 新建(N)... 命令，新建一个大小为240mm×160mm的文件。

(2)单击工具箱中的“椭圆形工具”按钮，按住“Ctrl”键的同时，在绘图区中拖动鼠标绘制正圆对象，如图6-26所示。

(3)单击工具箱中的“渐变填充”按钮 渐变填充，设置其渐变为80%黑色和20%黑色的渐变，设置其他参数如图6-27所示。

(4)单击 确定 按钮，填充后效果如图6-28所示。

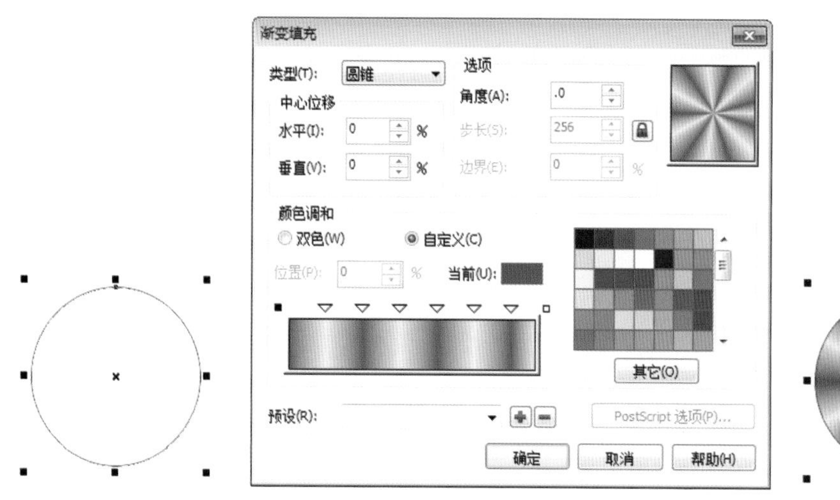

图 6-26　绘制的正圆对象　　图 6-27　“渐变填充”对话框　　图 6-28　渐变填充效果

(5)按小键盘区的“+”号键，复制正圆，按住“Shift”键将按比例缩小，更改其旋转角度为180，效果如图6-29所示。

(6)复制小圆，按比例缩小，去除其填充色，效果如图6-30所示。

(7)选中复制后的小圆，选择 窗口(W) → 泊坞窗(D) → 造形(P) 命令，在弹出的“造形”泊坞窗中选择

修剪 选项，选中保留原件中的“来源对象”，单击 修剪 按钮，单击其外面的椭圆，如图6-31所示。

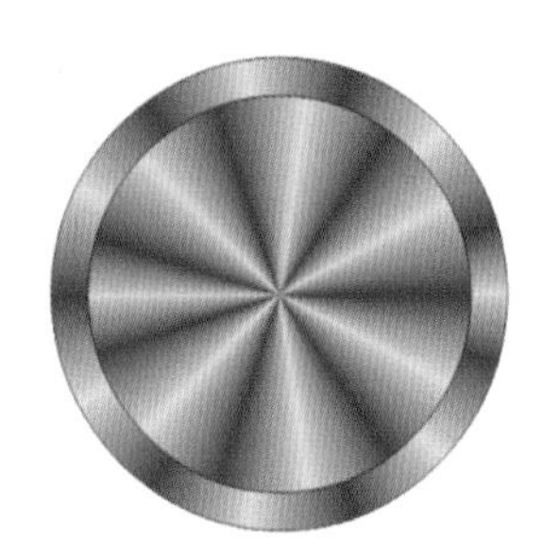

图 6-29 复制并旋转

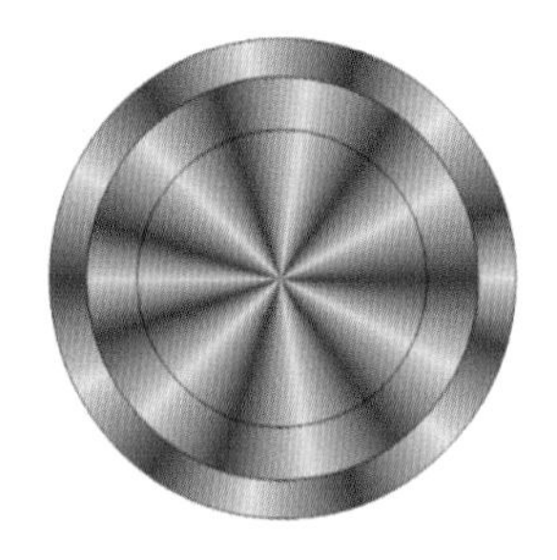

图 6-30 复制对象

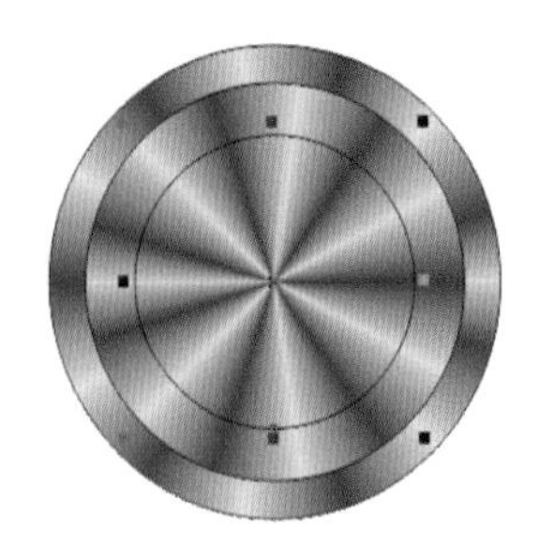

图 6-31 修剪效果

(8)重复步骤(7)的操作，对最外侧的圆进行修剪，并去掉所有对象的轮廓色，最终效果如图6-32所示。

(9)按“Ctrl+A”组合键选中全部图形，单击工具栏中的“群组”按钮。

(10)复制群组后的对象，调整其位置至图6-33所示。

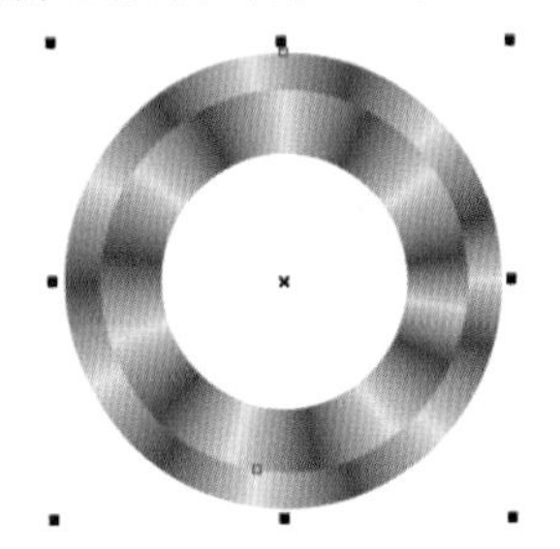

图 6-32 进一步修剪效果

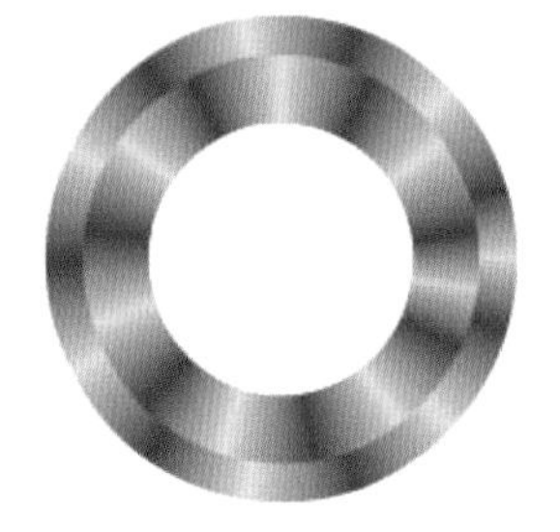

图 6-33 复制并调整其位置

(11)单击工具箱中的“矩形工具”按钮，绘制矩形，并按“Ctrl+Q”组合键将其转化为曲线，效果如图6-34所示。

(12)单击工具箱中的“渐变填充”按钮 渐变填充，设置其渐变参数如图6-35所示。

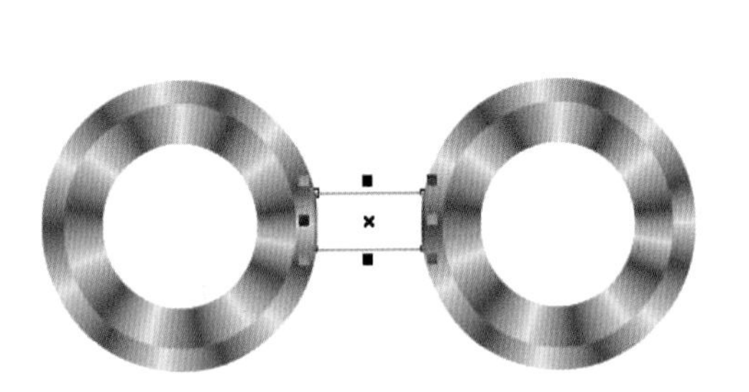

图 6-34 绘制矩形并将其转化为曲线

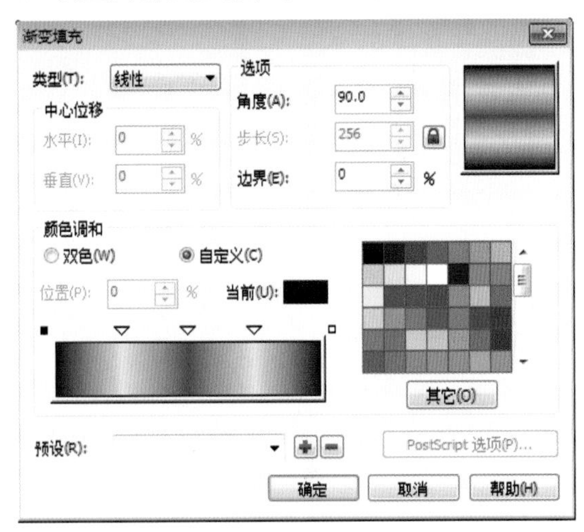

图 6-35 “渐变填充”对话框

(13)使用形状工具对矩形进行调整，选中所有图形后将其群组，效果如图6-36所示。

(14)单击工具栏中的“导入”按钮 导入(I)...，选择要导入的图片，单击 导入 按钮，导入图片效果如图6-37所示。

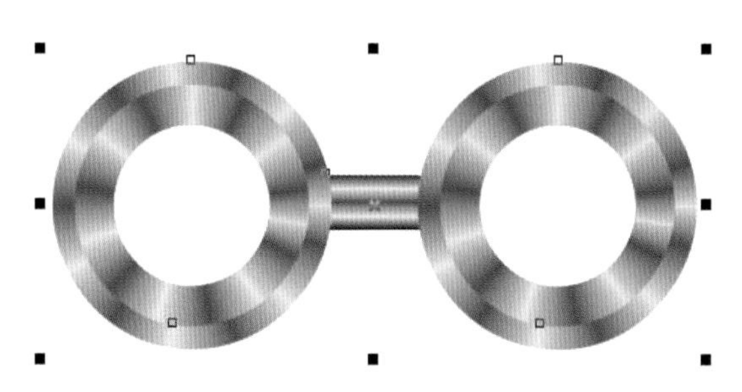

图6-36 调整矩形后群组

图6-37 导入图片

(15)按“Shift+Page Down”组合键将导入图片置于最下层，调整望远镜位置，使得效果如图6-38所示。

(16)选择菜单栏中的 效果(C) → 透镜(S) 命令，打开 透镜 泊坞窗，在 无透镜效果 下拉列表中选择 放大 选项，设置其他参数如图6-39所示。

图6-38 调整图形位置

图6-39 “透镜”泊坞窗参数设置

(17)按住“Ctrl”键选中望远镜镜片中间的小圆，单击 应用 按钮，为绘制的正圆对象应用透镜效果，最终效果如图6-25所示。

第7章 位图的处理

学习目标

本章介绍CorelDRAW X6编辑位图的强大功能。

学习要点

◎编辑位图的颜色
◎位图的特殊效果

7.1 位图颜色的编辑

CorelDRAW X6提供了强大的位图颜色编辑功能，掌握这些功能可以有效地完成设计任务。

7.1.1 使用位图颜色遮罩

(1)导入一幅位图，选择位图(B)→位图颜色遮罩(M)命令，弹出位图颜色遮罩泊坞窗，如图7-1所示。

(2)在泊坞窗列表框中单击“吸管”按钮，鼠标的指针变为形状，在位图上单击要遮罩的颜色，选中的颜色在泊坞窗列表框的颜色条目中出现，如图7-2所示。

(3)单击泊坞窗中的“编辑颜色”按钮，弹出图7-3所示的选择颜色对话框，在该对话框中可以编辑需要遮罩的颜色。

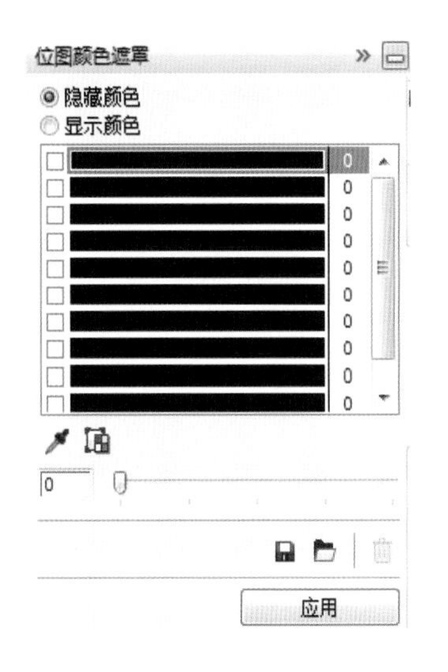

图7-1 “位图颜色遮罩”泊坞窗

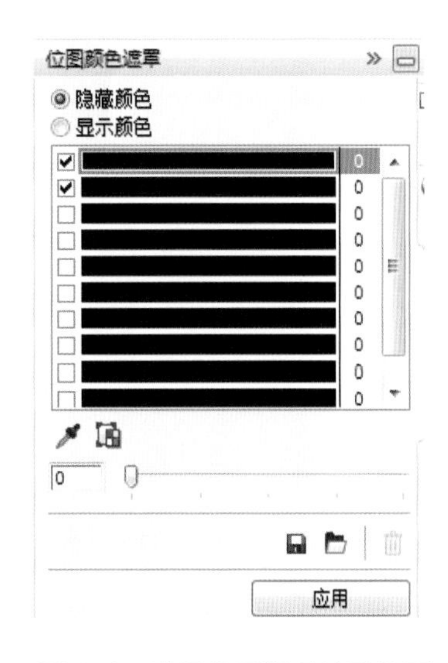

图7-2 进行位图颜色遮罩设置

(4) 单击“保存遮罩”按钮，弹出 另存为 对话框，可以将设置好的颜色遮罩作为样式保存。单击“打开遮罩”按钮，弹出 打开 对话框，可以打开已保存的颜色遮罩样式，在 位图颜色遮罩 泊坞窗中可以直接使用。

(5) 拖动 0 选项框的滑动条或直接输入数值，可以遮罩相近的颜色，容限值越大，遮罩的颜色范围越大。

(6) 在 位图颜色遮罩 泊坞窗中，有隐藏颜色和显示颜色两种遮罩模式。选择不同的颜色遮罩模式，会出现不同的遮罩效果。

如果想清除位图的颜色遮罩效果，先选中已建立颜色遮罩的位图，在 位图颜色遮罩 泊坞窗中单击“移除遮罩”按钮，就可以清除位图的颜色遮罩效果。

图 7-3 “选择颜色”对话框

7.1.2 使用位图颜色模式

导入位图后，选择 位图(B) → 模式(D) 命令，可以转换位图的色彩模式，如图7-4所示。不同的色彩模式会以不同的方式对位图的颜色进行分类和显示。

1. 黑白模式

黑白模式是一种1位的色彩模式，这种色彩模式将图像保存为两种颜色，即黑色和白色。

选中导入的位图，单击菜单栏中的 位图(B) → 模式(D) → 黑白（1位）(B)... 命令，弹出图7-5所示的 转换为1位 对话框。

图 7-4 选择位图的色彩模式

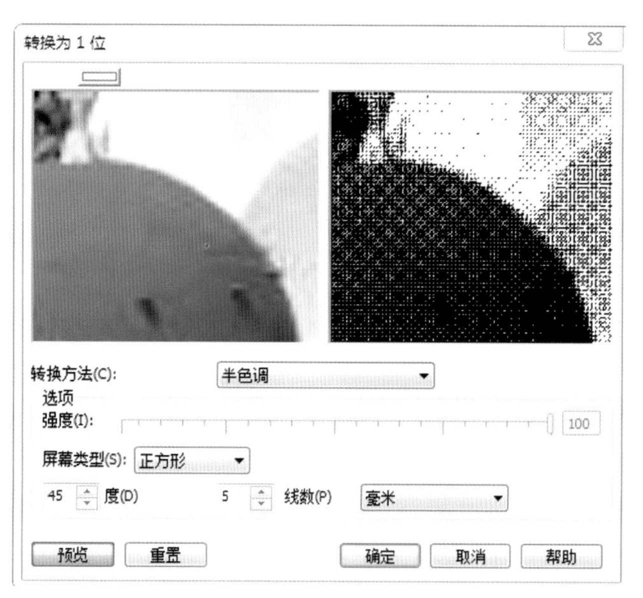

图 7-5 “转换为 1 位”对话框

在“转换为1位”对话框左上方的导入位图预览框上单击鼠标左键，可以放大预览图像，单击鼠标右键，可以缩小预览图像。

单击“转换为1位”对话框的 转换方法(C): 半色调 列表框中的黑色三角按钮，弹出下拉列表，可以选择其他的转换方法，拖动选项设置区中的“阈值”滑块，可以设置转换的强度。黑白模式只能用1bit的位分辨率来记录它的每一个像素，而且只能显示黑白两色，所以是最简单的位图模式。

在“转换为1位”对话框中的“转换方法”下拉列表中选择不同的转换方法，可以使黑白位图产生不同的效果，设置好后，单击 预览 按钮，可以预览设置的效果，单击 确定 按钮，得到图7-6所示的效果。

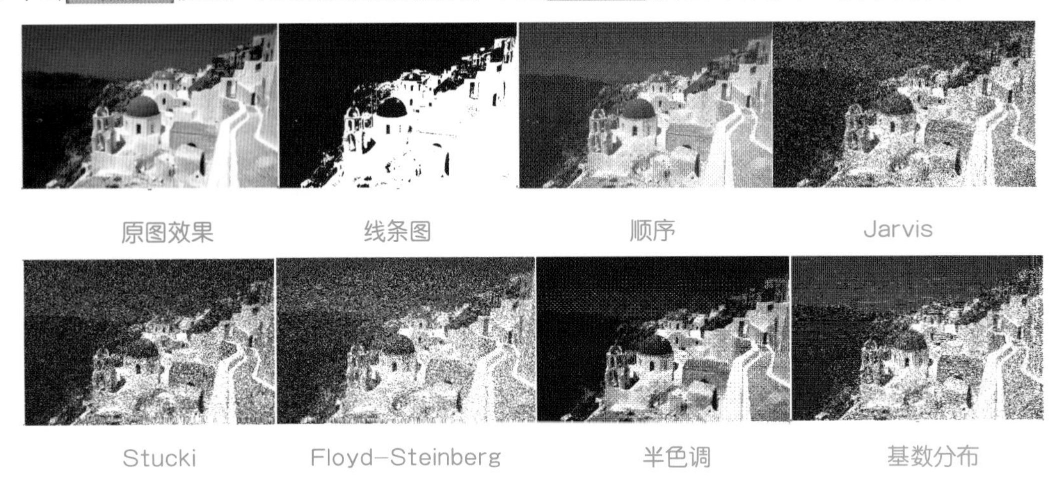

图 7-6　黑白位图的不同效果

2. 转换成256灰度模式

将位图颜色的灰度模式转换成256灰度模式，该模式位图是8位模式的黑白位图，其灰度值在0和255之间，设置的值越大灰度就越浅，设置的值越小灰度就越深。有些情况下，必须把位图转换成256灰度模式后才能转换成其他模式。

选择 位图(B) → 模式(D) → 灰度（8位）(G) 命令，将位图转换成256灰度模式，位图转换成256灰度模式后，效果和黑白照片的效果类似，位图被不同灰度填充。位图失去了所有的颜色。

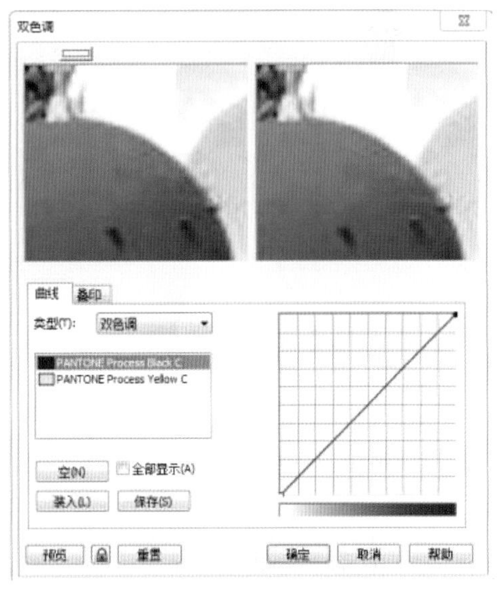

图 7-7　“双色调”对话框

3. 双色调模式

双色调模式是8位灰度的位图模式。该模式的位图只是另外添加了1～4种颜色的简单灰度图像。

导入一幅位图，选择菜单栏中的 位图(B) → 模式(D) → 双色（8位）(D)... 命令，弹出图7-7所示的 双色调 对话框。

单击“双色调”对话框的 类型(T): 单色调 列表框中的黑色三角按钮，弹出图7-8所示的下拉列表，从中选择其他的色调模式。

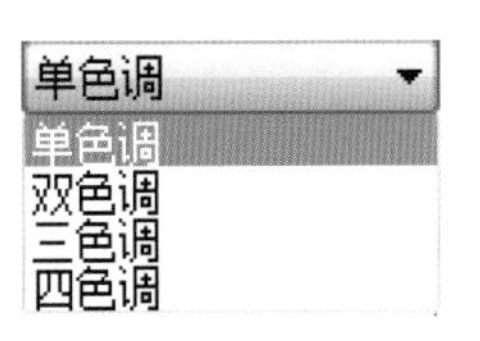

图 7-8　类型下拉列表

单击 装入(L) 按钮，在弹出的对话框中可以将原来存储的双色调效果载入。单击 保存(S) 按钮，可以在弹出的对话框中将设置好的双色调效果保存。

拖动右侧显示框中的曲线，可以设置双色调的色阶变化。

双击双色调的色标 PANTONE Process Black C ，弹出图7-9所示的选择颜色对话框，从中选择需要替换的颜色，单击 确定 按钮，就可以替换双色调的颜色，如图7-10所示。

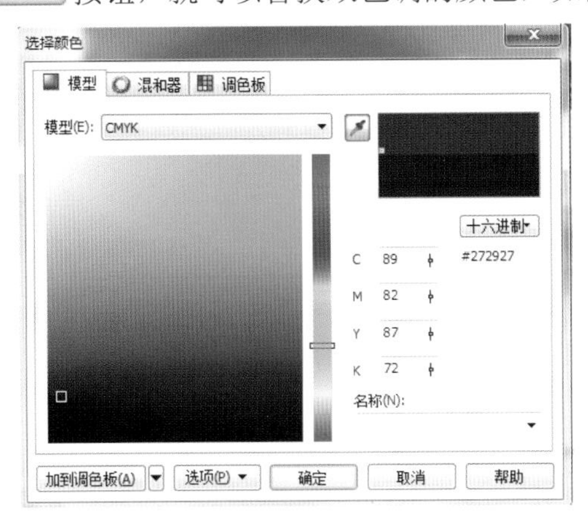

图 7-9 “选择颜色”对话框

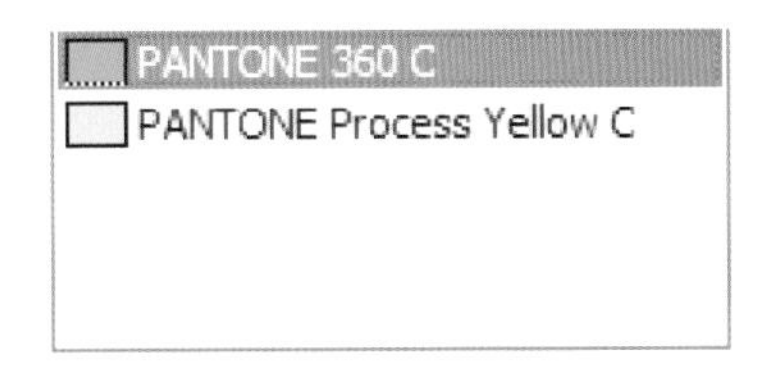

图 7-10 替换双色调颜色

设置好后，单击 预览 按钮，预览双色调设置的效果，单击 确定 按钮，即可完成图形的双色调效果。

4. 调色板色模式

调色板色模式是一种8位的颜色模式，该模式可以使用256种颜色来保存或者显示图像。要精确地控制转换过程中使用的颜色，可以将图像转换成调色板色模式。

导入一幅位图，选择菜单栏中的 位图(B) → 模式(D) → 调色板色（8位）(P)... 命令，弹出图7-11所示的转换至调色板色对话框。

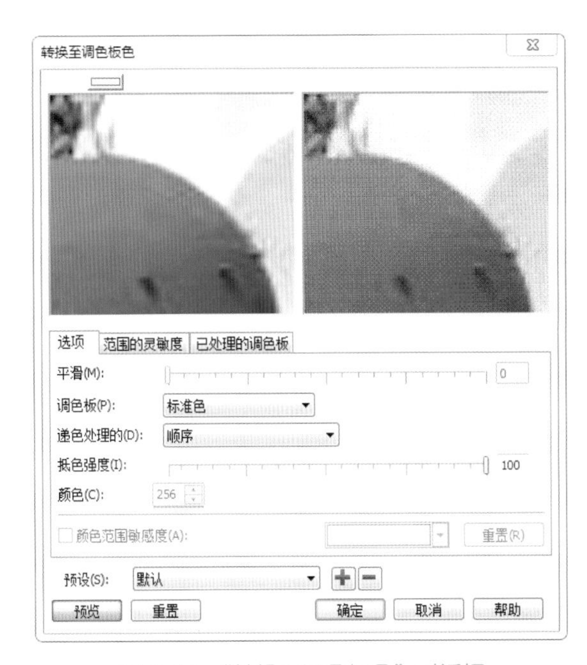

图 7-11 “转换至调色板色”对话框

拖动 平滑(M): 滑块，可以设置位图色彩的平滑程度。

单击 调色板(P): 标准色 列表框中的黑色三角按钮，在弹出的下拉列表中选择调色板的类型。

单击 递色处理的(D): 顺序 列表框中的黑色三角按钮，在弹出的下拉列表中选择递色的类型。拖动 抵色强度(I): 滑块，可以设置位图抵色的抖动程度。

在 颜色(C): 数值框中可以调节色彩数。

单击 预设(S): 默认 列表框中的黑色三角按钮，从弹出的下拉列表中选择预设的效果。

5. RGB颜色模式、Lab色模式、CMYK色模式

RGB颜色模式是由红、绿、蓝按照一定的百分比创建的颜色，每种颜色都有256级浓度。

Lab色模式创建与设备无关的位图，它包含了CMYK和RGB两种颜色模式的色谱。CMYK色模式可以创建出用户需要的任何颜色。

7.2 位图特殊效果处理

CorelDRAW X6中处理位图的滤镜功能是非常强大的，使用位图滤镜，可以迅速地改变位图对象的外观效果。CorelDRAW X6提供了多种不同特性的滤镜，如卷页、浮雕、模糊、风、旋涡和虚光等，使用好位图的滤镜可以创作出多种特殊的效果。

虽然滤镜的种类很多，但添加滤镜效果的操作却非常相似，一般都可以按照下面的步骤来进行。

(1)选定需要添加滤镜效果的位图图像。

(2)选择 位图(B) 菜单，从相应滤镜的子菜单中选择滤镜命令，即可弹出相应的滤镜选项设置对话框。

(3)在滤镜选项设置对话框中设置相关的参数，单击 确定 按钮，即可将选择的滤镜效果应用到位图对象中。

(4)在每一个滤镜选项设置对话框的顶部，都有 和 两个预览窗口切换按钮，用于在对话框中打开和关闭预览窗口，或切换双预览窗口和单预览窗口。

(5)在每一个滤镜选项设置对话框的底部，都有一个 预览 按钮。单击该按钮，即可在预览窗口中预览到添加滤镜后的效果。在双预览窗口中，还可以对原始效果和添加的滤镜效果进行观察比较。

7.2.1 位图的三维效果处理

选择菜单栏中的 位图(B) → 三维效果(3) 命令，弹出其子菜单，其中包含三维旋转、柱面、浮雕、卷页、透视、挤远/挤近、球面7种特殊效果，如图7-12所示。选择相应的命令，可以对位图应用不同的三维效果。

三维旋转(3)...
柱面(L)...
浮雕(E)...
卷页(A)...
透视(R)...
挤远/挤近(P)...
球面(S)...

图 7-12 “三维效果”子菜单

1. 三维旋转

使用三维旋转命令可以改变位图对象水平方向或垂直方向的角度，以模拟三维空间的方式来旋转位图，从而产生立体透视效果。

使用挑选工具选择位图对象后，选择菜单栏中的 位图(B) → 三维效果(3) → 三维旋转(3)... 命令，弹出 三维旋转 对话框，在 垂直(V): 与 水平(H): 微调框中输入数值，可设置旋转角度，选中 ☑ 最适合(B) 复选框，使图像以最合适的大小显示，单击 预览 按钮，可预览设置后的效果，满意后，单击 确定 按钮。位图应用三维旋转的效果如图7-13所示。

图 7-13　应用三维旋转滤镜前后效果对比图

2. 柱面

使用柱面命令可以使位图对象在水平或垂直的柱面上产生映射的效果。

选择位图对象后，选择菜单栏中的 位图(B) → 三维效果(3) → 柱面(L)... 命令，弹出 柱面 对话框，在 柱面模式 选项区中选中 水平(H) 或 垂直的(E) 单选按钮，然后通过调节 百分比(P): 微调框中的数值来设置水平或垂直模式的百分比，单击 确定 按钮。位图的柱面效果如图7-14所示。

图 7-14　位图的柱面效果对比图

3. 浮雕

使用浮雕滤镜可以调整深度与光线的方向，从而在平面的图像上建立一种三维浮雕效果。

选中位图后，选择菜单栏中的 位图(B) → 三维效果(3) → 浮雕(E)... 命令，弹出 浮雕 对话框，在 深度(D): 输入框中可设置浮雕效果的深浅度，在 层次(L): 输入框中可设置浮雕效果的明显程度，在 方向(C): 微调框中可设置浮雕效果的角度。在 浮雕色 选项区中，可以选择一种颜色作为创建浮雕效果的背景颜色。设置好参数后，单击 确定 按钮，图像效果如图7-15所示。

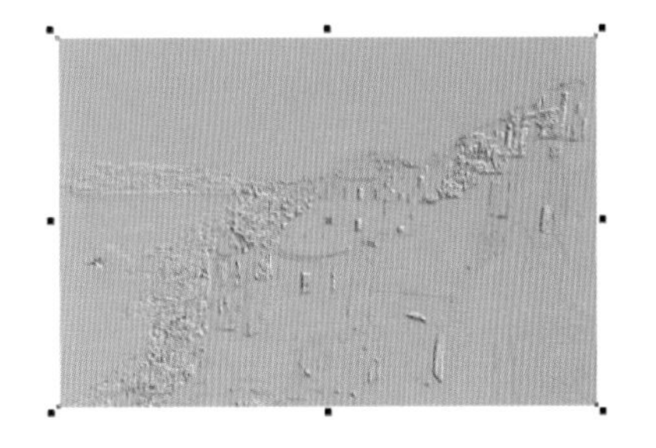

图 7-15　位图的浮雕效果对比图

4. 卷页

使用卷页命令可以从图像的4边角开始，将位图的部分区域像纸一样卷起。

选择位图后，选择菜单栏中的 位图(B) → 三维效果(3) → 卷页(A)... 命令，弹出“卷页”对话框，如图7-16所示。

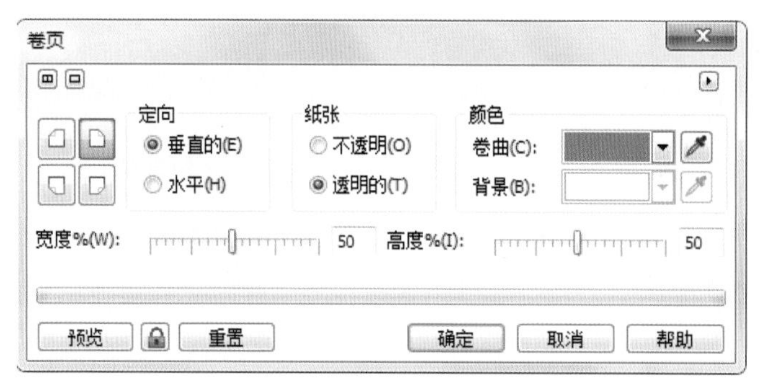

图 7-16 “卷页”对话框

“卷页”对话框左侧提供了4种卷页类型，可以设置位图卷起页角的位置；在定向选项区中可设置卷页从哪一边缘卷起；在纸张选项区中可选择卷页部分是否透明；在颜色选项区中可设置卷曲(C):与背景(B):的颜色；在宽度%(W):与高度%(I):输入框中可设置卷页区域的宽度与高度。

单击预览按钮，可预览卷页效果。设置好后，单击确定按钮，位图卷页效果如图7-17所示。

图 7-17 位图的卷页效果对比图

5. 透视

使用透视命令可以使图像生成三维深度的效果。

选中位图后，选择菜单栏中的位图(B)→三维效果(3)→透视(R)...命令，弹出透视对话框，在类型选项区中选择一种透视模式，然后将鼠标指针移至对话框左侧的调整窗口中，调整4个控制点，可以改变图像中透视点的位置，效果如图7-18所示。

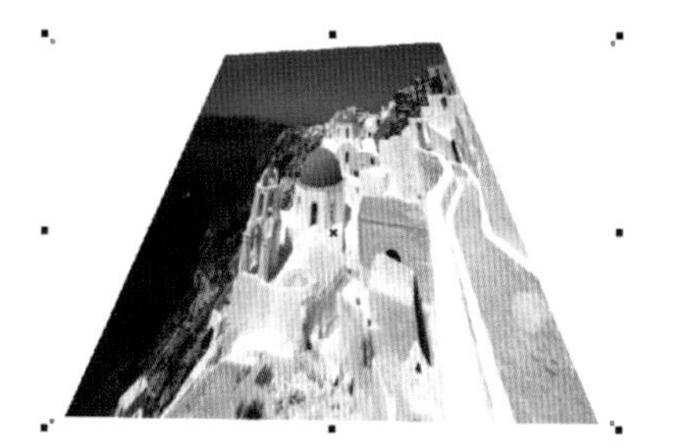

图 7-18 位图的透视效果对比图

6. 挤远或挤近

使用挤远与挤近命令，可通过调整“挤远/挤近”对话框中的数值使位图扭曲。

选中位图后，选择菜单栏中的位图(B)→三维效果(3)→挤远/挤近(P)...命令，弹出挤远/挤近对话框，在挤远/挤近(P):输入框中输入数值，可以改变位图的挤远或挤近程度。单击“挤远/挤近”对话框中的按钮，然后在位图上单击，可以设置挤远或挤近时的中心位置。设置好参数后，单击确定按钮，图像效果如图7-19所示。

图 7-19　位图的挤远／挤近效果对比图

7. 球面

使用球面命令可使位图对象产生球体化的效果。

选中位图后，选择菜单栏中的 位图(B) → 三维效果(3) → 球面(S)... 命令，弹出 球面 对话框，在 优化 选项区中可选择优化方式；在 百分比(P): 输入框中输入数值，可设置球面是凹下的还是凸起的；单击 按钮，将鼠标指针移至位图对象上单击，可确定球体的中心位置。

在设置的过程中，单击 重置 按钮，可重新设置球面效果的选项，设置好后单击 确定 按钮，位图应用球面的效果如图7-20所示。

图 7-20　位图的球面效果对比图

7.2.2　艺术笔触

使用艺术笔触命令可以使位图对象产生某种艺术画(如水彩画、油画、素描及水印画等)的风格。

选择菜单栏中的“艺术笔触”命令，会弹出子菜单，从中选择相应的命令可使位图对象产生自然描绘的效果。

1. 炭笔画

使用炭笔画命令可以使位图对象产生一种素描效果。

选择菜单栏中的 位图(B) → 艺术笔触(A) → 炭笔画(C)... 命令，弹出 炭笔画 对话框，通过调整 大小(S): 与 边缘(E): 微调框中的数值，可设置炭笔画的像素大小和对比度。

在设置的过程中，单击 重置 按钮，可重新设置炭笔画效果的选项，设置好后单击 确定 按钮，位图应用炭笔画的效果如图7-21所示。

图 7–21　位图的炭笔画效果对比图

2. 单色蜡笔画

使用单色蜡笔画滤镜可以使图像产生不同的纹理效果。

选中位图后，选择菜单栏中的 位图(B) → 艺术笔触(A) → 单色蜡笔画(O)... 命令，弹出 单色蜡笔画 对话框，如图7-22所示。

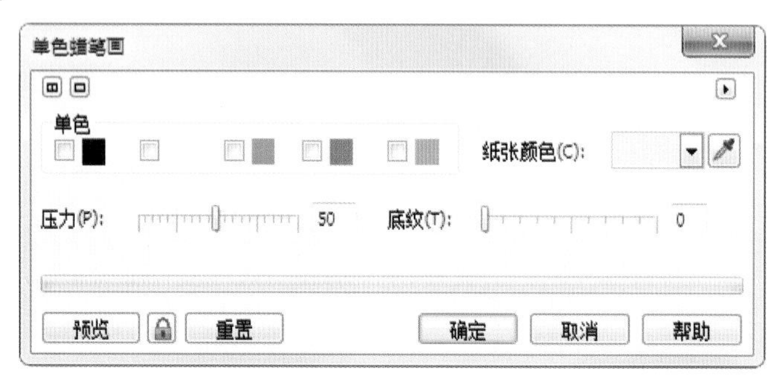

图 7–22 “单色蜡笔画” 对话框

在 单色 选项区中，可以选择一种或多种蜡笔颜色，并单击 纸张颜色(C): 右侧的下拉按钮，在弹出的调色板中选择一种蜡笔颜色。

在 压力(P): 输入框中输入数值，可控制绘制所选图像效果时的颜色轻重；在 底纹(T): 输入框中输入数值，可设置纹理质地的粗糙程度，数值越大质地越粗糙。

单击 预览 按钮，可以在预览窗口中预览调整参数后的位图效果。如果要重新设置各项参数，可单击 重置 按钮，进行参数的更新设置。

设置满意后，单击 确定 按钮，图像效果如图7-23所示。

图 7–23　位图的单色蜡笔画效果对比图

3. 蜡笔画

使用蜡笔画滤镜可以使位图产生蜡笔绘画的效果。

选中位图后，选择菜单栏中的 位图(B) → 艺术笔触(A) → 蜡笔画(R)... 命令，弹出 蜡笔画 对话框，如图7-24所示。

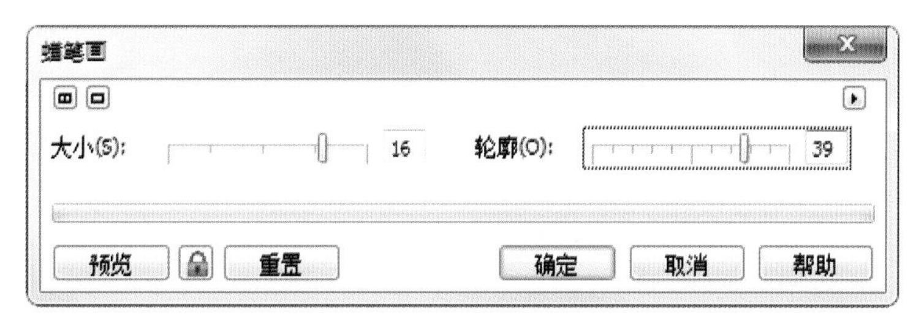

图 7-24 “蜡笔画”对话框

在大小(S):输入框中输入数值，可设置像素散开的稠密程度，也就是图像的粗糙程度；在轮廓(O):输入框中输入数值，可设置图形轮廓显示的轻重程度。

设置好参数后，单击确定按钮，图像应用蜡笔画滤镜效果如图7-25所示。

图 7-25 位图的蜡笔画效果对比图

4. 水彩画

选中位图后，选择菜单栏中的位图(B)→艺术笔触(A)→水彩画(W)...命令，在弹出的对话框中设置其参数，可使图像产生类似水彩画的效果。

5. 波纹纸画

选择菜单栏中的位图(B)→艺术笔触(A)→波纹纸画(V)...命令，弹出波纹纸画对话框，设置其参数，可使图像产生波浪效果。

7.2.3 模糊效果

CorelDRAW X6提供了各种各样的模糊滤镜，选择菜单栏中的位图(B)→模糊(B)命令，会弹出子菜单，从中选择所需的模糊命令，使图像产生相应的模糊效果。

1. 定向平滑

定向平滑滤镜可以使图像中的渐变区域平滑且保留边缘细节和纹理。

选择菜单栏中的位图(B)→模糊(B)→定向平滑(D)...命令，弹出定向平滑对话框，在百分比(P):输入框中输入数值，可以改变模糊的平滑程度。

设置好参数后，单击确定按钮，即可对位图应用定向平滑滤镜。

2. 高斯式模糊

高斯式模糊滤镜可以使位图按照高斯分配产生朦胧的效果。

使用挑选工具选择位图对象后，选择菜单栏中的 位图(B) → 模糊(B) → 高斯式模糊(G)... 命令，弹出 高斯式模糊 对话框，在 半径(R): 中输入数值，可以改变高斯模糊的模糊程度。其数值越大，模糊效果就越明显。

设置好参数后，单击 确定 按钮，位图应用高斯式模糊滤镜的效果如图7-26所示。

图 7-26　位图的高斯式模糊效果对比图

3. 动态模糊

动态模糊滤镜可以使图像产生动态的模糊效果。

选择菜单栏中的 位图(B) → 模糊(B) → 动态模糊(M)... 命令，弹出 动态模糊 对话框，如图7-27所示。

图 7-27　“动态模糊”对话框

在 方向(C): 输入框中输入数值，可以改变位图对象动态模糊的方向。

在 图像外围取样 选项区中可以选择图像的取样模式，有 忽略图像外的像素(I)、使用纸的颜色(P)、提取最近边缘的像素(N) 3种方式。

设置好参数后，单击 确定 按钮，位图应用动态模糊滤镜的效果如图7-28所示。

图 7-28　位图的动态模糊效果对比图

4. 放射式模糊

放射式模糊滤镜可以使位图对象产生由中心向外框辐射的效果。

选中位图对象后，选择菜单栏中的 位图(B) → 模糊(B) → 放射式模糊(R)... 命令，弹出 放射状模糊对话框，在数量(A):输入框中输入数值，可以改变放射式模糊的数量。输入的数值越大，放射越明显。在放射状模糊对话框中单击按钮，在位图上单击可确定放射的中心位置。设置好参数后，单击确定按钮，位图应用放射式模糊滤镜的效果如图7-29所示。

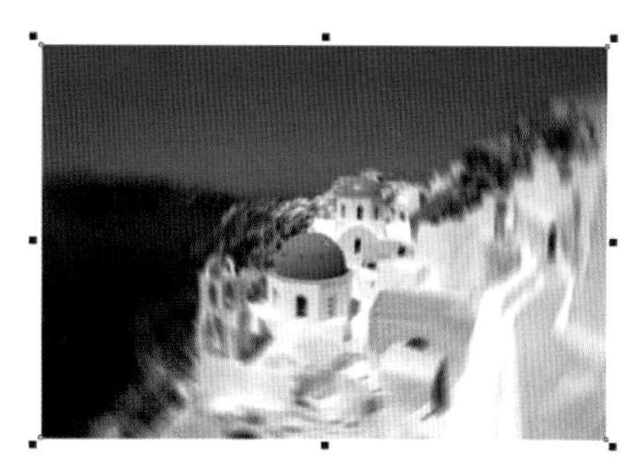

图 7-29　位图的放射式模糊效果对比图

5. 缩放

缩放滤镜可以使位图图像从外向中心产生模糊。

选择菜单栏中的位图(B)→模糊(B)→缩放(Z)...命令，弹出缩放对话框。

在数量(A):输入框中输入数值，可以设置位图缩放效果的明显程度。输入的数值越大，缩放的效果越明显。单击按钮，然后在位图上单击，可以确定开始缩放的中心点。

设置好参数后，单击确定按钮，位图应用缩放滤镜的效果如图7-30所示。

图 7-30　位图的缩放效果对比图

7.2.4　轮廓图

选择菜单栏中的位图(B)→轮廓图(O)命令，弹出其子菜单，使用子菜单中的命令，可以轻松地检测和强调位图图像的轮廓。

1. 边缘检测

边缘检测滤镜可以在位图对象中加入不同的边缘效果。

选中位图后，选择菜单栏中的位图(B)→轮廓图(O)→边缘检测(E)...命令，弹出边缘检测对话框，设定好参数之后单击确定按钮，位图应用边缘检测效果，如图7-31所示。

2. 查找边缘

查找边缘滤镜可以使位图的边缘轮廓以较高的亮度显示。

选中位图对象后，选择菜单栏中的 位图(B) → 轮廓图(O) → 查找边缘(F)... 命令，弹出 查找边缘 对话框，在 边缘类型: 选项区中选择一种边缘类型，并在 层次(L): 输入框中输入数值，可设置边缘亮度。

设置好参数后，单击 确定 按钮，位图应用查找边缘效果，如图7-32所示。

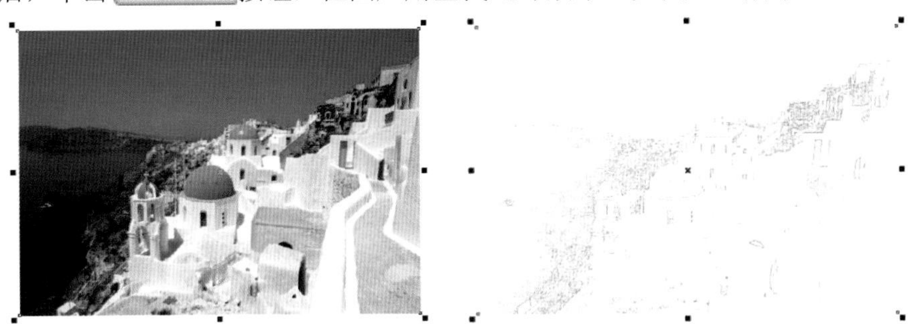

图 7-31　位图的边缘检测效果对比图

图 7-32　位图的查找边缘效果对比图

3. 描摹轮廓

选中位图对象后，选择菜单栏中的 位图(B) → 轮廓图(O) → 描摹轮廓(T)... 命令，弹出 描摹轮廓 对话框，在 层次(L): 输入框中输入数值，可以设置位图轮廓的强弱程度；在 边缘类型: 选项区中选中 下降(W) 单选按钮，可以设置位图边缘向下；选中 上面(U) 单选按钮，可以设置位图边缘向上。

设置好各项参数后，单击 确定 按钮，位图应用描摹轮廓滤镜效果，如图7-33所示。

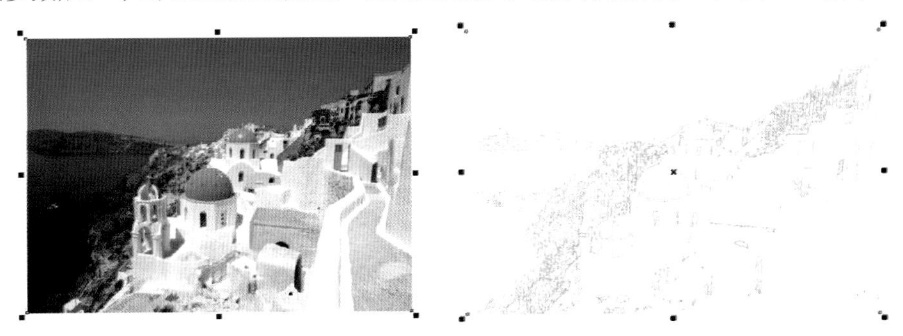

图 7-33　位图的描摹轮廓效果对比图

7.2.5　创造性

选择菜单栏中的 位图(B) → 创造性(V) 命令，弹出子菜单，如图7-34所示，使用这些命令可以制作出具有创造性的图像效果。

图 7-34 “创造性”子菜单

1. 工艺

使用工艺滤镜，可以产生使用工艺材料对象进行转化的效果。

选中位图后，选择菜单栏中的 位图(B) → 创造性(V) → 工艺(C)... 命令，弹出 工艺 对话框，如图7-35所示。

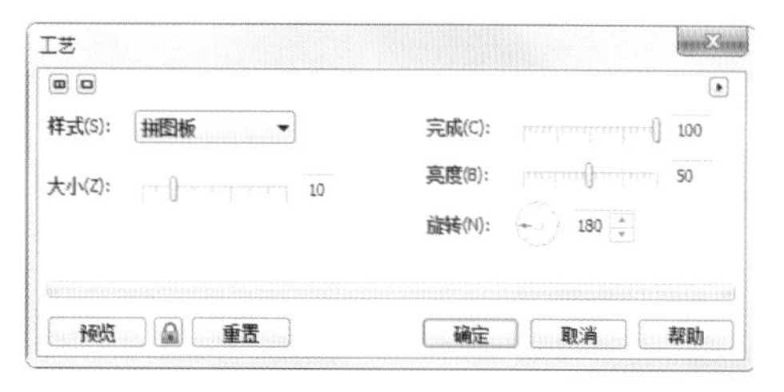

图 7-35 “工艺”对话框

在 样式(S): 下拉列表中可选择一种工艺样式；在 大小(Z): 输入框中输入数值，可设置所选工艺样式的大小；在 完成(C): 输入框中输入数值，可以设置应用工艺样式的面积；调整 亮度(B): 框中的数值，可设置所选工艺样式的亮度；调整 旋转(N): 微调框中的数值，可设置所选工艺样式的旋转角度。设置好参数后，单击 确定 按钮，图像效果如图7-36所示。

图 7-36 应用工艺滤镜前后效果对比图

2. 晶体化

使用晶体化命令可以使位图产生一种类似于结晶的效果。

选中位图对象后，选择菜单栏中的 位图(B) → 创造性(V) → 晶体化(Y)... 命令，弹出 晶体化 对话框，在 大小(S): 输入框中输入数值，可设置结晶颗粒的大小，从而使图像产生类似玻璃破碎的效果。

设置好参数后，单击 确定 按钮，图像效果如图7-37所示。

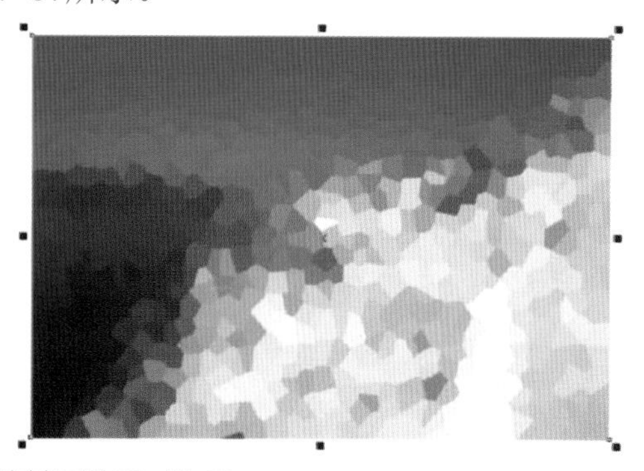

图 7-37 应用晶体化滤镜前后效果对比图

3. 框架

使用框架命令可以在位图对象周围添加一个框架，使其产生照片框架的效果。

选中位图后，选择菜单栏中的 位图(B) → 创造性(V) → 框架(R)... 命令，弹出 框架 对话框，如图7-38所示。

在“框架”对话框中单击“框架样式”按钮右侧的小三角形按钮，弹出预设的几种框架样式，如图7-39所示，可以从中选择一种框架样式。

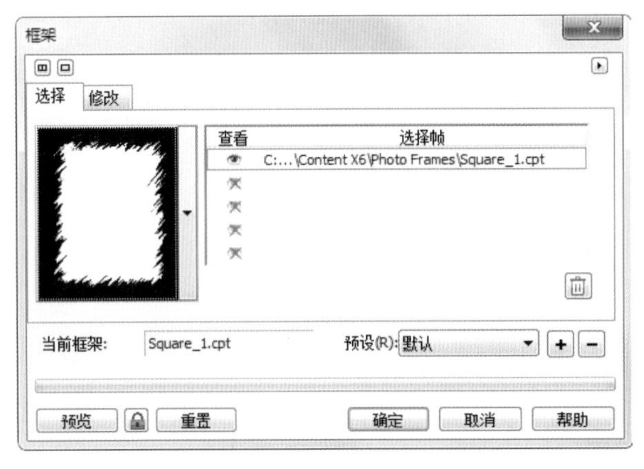

图 7-38 “框架”对话框

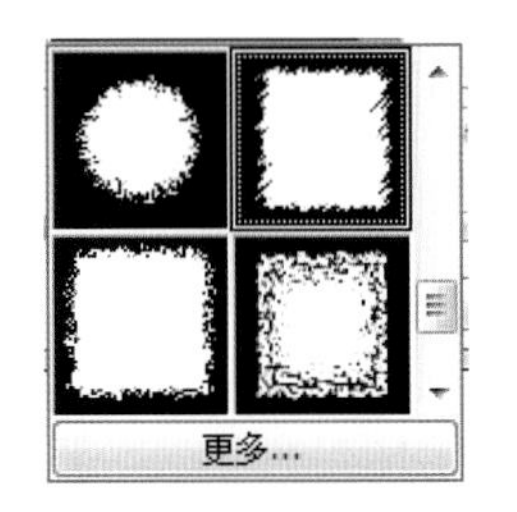

图 7-39 预设的框架样式

如果要对所选的框架样式进行修改，可以在“框架”对话框中打开 修改 选项卡，此时， 框架 对话框显示 修改 选项卡的各项参数，通过各选项可以调整框架的色彩、宽度、模糊程度及倾斜角度等，单击 确定 按钮，即可对位图应用框架滤镜，效果如图7-40所示。

图 7-40 应用框架滤镜前后效果对比图

4. 虚光

使用虚光命令可以为图像创建虚化的边缘。选择菜单栏中的 位图(B) → 创造性(V) → 虚光(V)... 命令，弹出 虚光 对话框。

在“虚光”对话框中的 形状 选项区中可以选择一种形状。在 颜色 选项区中可以选择一种颜色作为虚光的颜色。在 调整 选项区中的 偏移(O): 输入框中输入数值，可以设置虚光外形的偏移程度；在 褪色(A): 输入框中输入数值，可调节虚光效果在图像中的颜色淡化程度。

设置好参数后，单击 确定 按钮，位图应用虚光滤镜的效果如图7-41所示。

图 7-41 应用虚光滤镜前后效果对比图

5. 天气

使用天气命令可以模拟各种天气的变化，给人以身临其境的感觉。使用挑选工具选择位图对象，然后选择菜单栏中的 位图(B) → 创造性(V) → 天气(W)... 命令，弹出 天气 对话框，如图7-42所示。

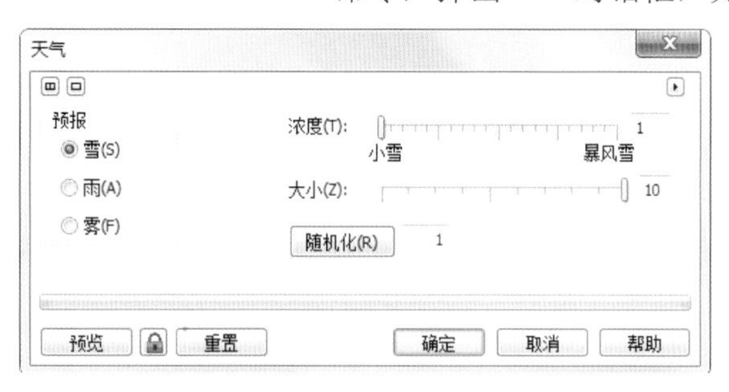

图 7-42 “天气”对话框

在 预报 选项区中可以选择一种天气类型，如雪、雨或雾。在 浓度(T): 输入框中输入数值，可设置雪、雨或雾的浓度。在 大小(Z): 输入框中输入数值，可设置雪、雨或雾的大小。单击 随机化(R) 按钮，可以设置像素的分布位置。

设置好参数后，单击 确定 按钮，即可对位图应用天气滤镜，效果如图7-43所示。

图 7-43 应用天气滤镜前后效果对比图

7.2.6 扭曲效果

选择菜单栏中的 位图(B) → 扭曲(D) 命令，弹出其子菜单，使用子菜单中的命令，可以使图像产生各种不同的扭曲效果。

1. 块状

选择菜单栏中的 位图(B) → 扭曲(D) → 块状(B)... 命令，弹出 块状 对话框，如图7-44所示。

在 未定义区域 下拉列表中可以选择图像扭曲时空白区的填充色类型；在 块宽度(W): 和 块高度(T): 输入框中输入数值，可设置每一个扭曲块的宽度和高度；调控 最大偏移(%)(M): 输入框中的数值，可设置扭曲块的偏移程度。

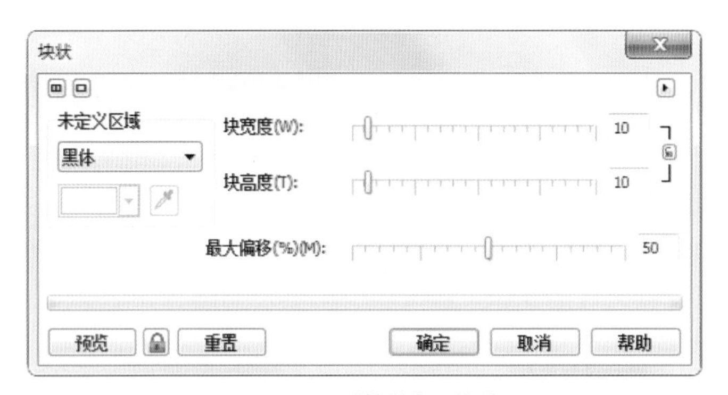

图 7-44 “块状”对话框

2. 平铺

选择菜单栏中的 位图(B) → 扭曲(D) → 平铺(T)... 命令，弹出 平铺 对话框，通过调整 水平平铺(H): 与 垂直平铺(V): 输入框中的数值，可设置图像在水平方向与垂直方向上的平铺数量；调整 重叠(O)(%): 输入框中的数值，可设置图像水平与垂直相重叠的数量，从而产生多个图像的平铺效果。应用平铺滤镜的效果如图7-45所示。

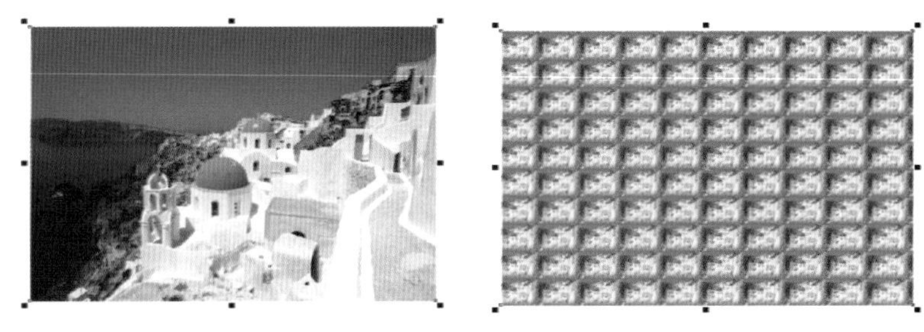

图 7-45 应用平铺滤镜前后效果对比图

3. 风吹效果

使用风吹效果滤镜可以使图像产生不同程度的风化效果。

选择菜单栏中的 位图(B) → 扭曲(D) → 风吹效果(N)... 命令，弹出 风吹效果 对话框，通过调整 浓度(T): 输入框中的数值，可设置风化效果的强弱；在 不透明(O): 输入框中输入数值，可设置风化的不透明度；在 角度(A): 微调框中输入数值，可设置风吹的角度方向。设置好参数后，图像效果如图7-46所示。

图 7-46 应用风吹效果滤镜前后效果对比图

7.2.7 杂点效果

选择菜单栏中的位图(B)→杂点(N)命令，弹出其子菜单，使用子菜单中的命令，可以使图像表面产生颗粒状杂点。

1. 添加杂点

使用添加杂点命令可以在图像中增加杂点，为过于混杂的图像制作一种粒状的效果。

选择菜单栏中的位图(B)→杂点(N)→添加杂点(A)...命令，弹出添加杂点对话框。

在杂点类型选项区中可以选择添加杂点的类型；在密度(D):输入框中输入数值，可设置杂点的稀密程度；在层次(L):输入框中输入数值，可设置杂点的强度和颜色值范围；在颜色模式选项区中可以选择一种杂点的颜色。

2. 最大值

使用最大值命令可根据位图对象的最大像素来调整整个图像中的颜色，从而减少杂点。

选中位图后，选择菜单栏中的位图(B)→杂点(N)→最大值(M)...命令，弹出最大值对话框，通过调节百分比(P):与半径(R):输入框中的数值，可设置位图对象中杂点的大小和亮度，可根据图像的最大像素来调整整个图像中的颜色，从而去除杂点。

3. 中值

选择菜单栏中的位图(B)→杂点(N)→中值(E)...命令，弹出中值对话框，通过调节半径(R):输入框中的数值，可使图像的颜色均匀分布，去除杂点，使图像显得特别平滑。

4. 最小

选择菜单栏中的位图(B)→杂点(N)→最小(I)...命令，弹出最小对话框，调节百分比(P):和半径(R):输入框中的数值，以设置图像中杂点的大小和亮度，可以根据图像的最小像素来调整整个图像中的颜色，从而去除杂点。

5. 去除龟纹

使用去除龟纹命令可以去除波浪形杂点，使用去除杂点滤镜可以自动清除杂点。

7.2.8 鲜明化

使用鲜明化命令可通过提高邻近像素的对比度来强化图像的边缘。选择菜单栏中的位图(B)→鲜明化(S)命令，弹出其子菜单，使用子菜单中的命令，可以使图像的色彩更加鲜明，边缘更加突出。

1. 高频通行

使用高频通行命令可以清除图像中的低分辨率区域和阴影区域，产生一种灰色的朦胧效果。

2. 非鲜明化遮罩

使用非鲜明化遮罩命令可以强调图像边缘的细节，并使非鲜明化平滑的区域变得明显。

7.3 应用实例——卷页效果的制作

1. 创作目的

制作翻页效果，如图7-47所示。

图 7-47　翻页最终效果图

2. 创作要点

本例主要采用位图特效工具。

3. 创作步骤

(1) 选择 文件(F) → 新建(N)... 命令，新建一个页面，设置文件属性栏，如图7-48所示。

图 7-48　设置文件属性栏

(2) 选择菜单栏中的 文件(F) → 导入(I)... Ctrl+I 命令，在弹出的 导入 对话框中选择合适的位图图像，然后单击 导入 按钮，将选择的位图导入到页面中，调整合适的图像尺寸，如图7-49所示。

(3) 使用挑选工具选中导入的位图图像，选择菜单栏中的 效果(C) → 调整(A) → 亮度/对比度/强度(I)... 命令，弹出 亮度/对比度/强度 对话框，参数设置如图7-50所示。

图 7-49　导入并调整位图

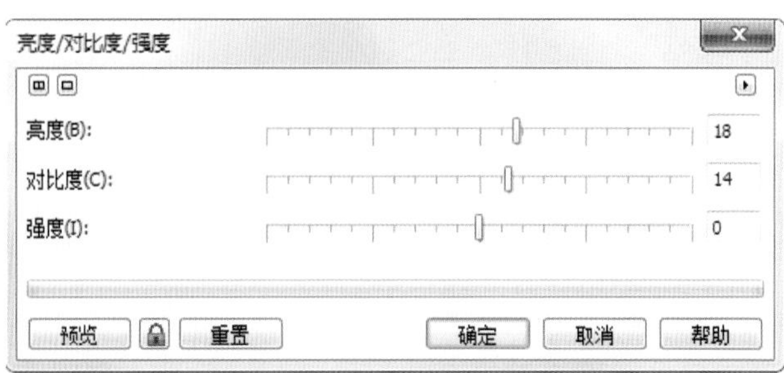

图 7-50　“亮度 / 对比度 / 强度”对话框

(4)单击 确定 按钮，调整色彩后的效果如图7-51所示。

(5)选中菜单栏中的 位图(B) → 艺术笔触(A) → 蜡笔画(R)... 命令，在弹出的 蜡笔画 对话框中设置参数，如图7-52所示。

图 7-51　调整其亮度／对比度／强度后的效果

图 7-52　“蜡笔画”对话框

(6)单击 确定 按钮，调整后的效果如图7-53所示。

图 7-53　蜡笔画效果图

(7)选择菜单栏中的 位图(B) → 创造性(V) → 虚光(V)... 命令，在弹出的 虚光 对话框中设置其颜色为绿色，设置其他参数如图7-54所示。

(8)单击 确定 按钮，调整后的效果如图7-55所示。

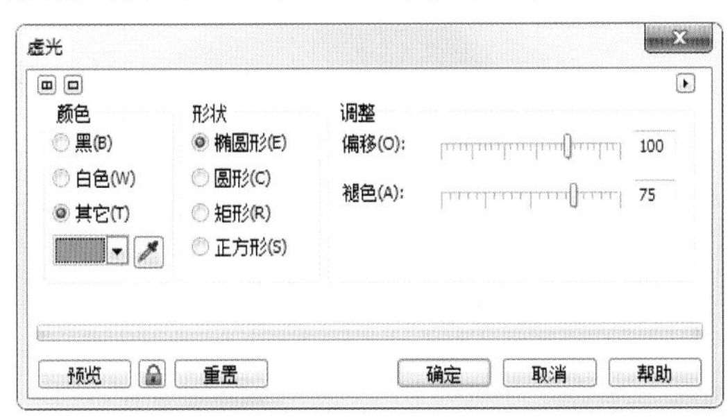

图 7-54　“虚光”对话框

图 7-55　虚光效果图

(9)选择菜单栏中的 位图(B) → 三维效果(3) → 卷页(A)... 命令，在弹出的 卷页 对话框中设置参数，如图7-56所示。

(10)单击 确定 按钮，其最终效果如图7-47所示。

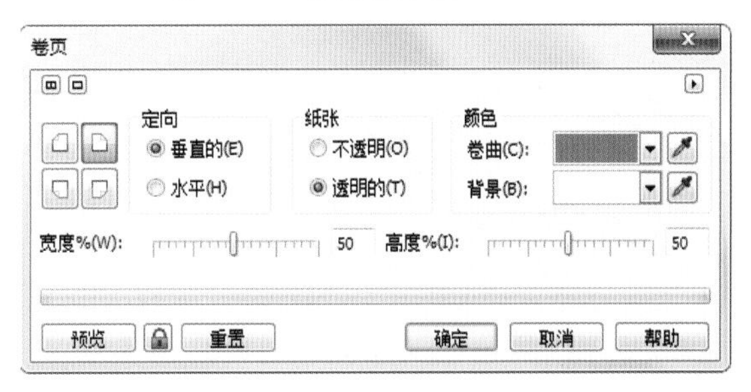

图 7-56　“卷页”对话框

第8章 文本工具的运用

学习目标

CorelDRAW X6是具备专业文字处理和专业彩色排版功能的软件,因此它对文字有很强的编辑和处理能力。本章将重点介绍文本的创建、编辑及文本效果制作的方法。

学习要点

◎文本的基本操作
◎文本格式的设置
◎文本的特殊效果

8.1 文本的基本操作

在CorelDRAW X6中，文本是具有特殊属性的对象，可以对它进行各种编辑操作。下面介绍在CorelDRAW X6中处理文本的一些基本操作。

8.1.1 文本的类型

在CorelDRAW X6中可创建两种类型的文本，即美术字文本与段落文本。它们都是借助工具箱中的文字工具，结合键盘输入的，两者之间可以相互转换，但在使用方法、应用的编辑格式、应用特殊效果等方面有很大的区别。

1. 美术字文本

美术字文本主要用于添加特殊效果的题目。在CorelDRAW X6中，系统将美术字文本作为一个单独的对象来使用，因此，可以使用各种图形对象的处理方法对其进行修饰。

要创建美术字文本，其具体的操作方法如下：

(1)在工具箱中单击“文本工具”按钮 字 。

(2)将鼠标指针移至绘图区中，鼠标指针变为 字形状，在绘图区中单击鼠标，会出现闪烁的光标，然后通过键盘输入文字，如图8-1所示。

春眠不觉晓

图 8-1 输入文字效果

2. 段落文本

段落文本常在输入文字较多时使用，与美术字文本相比，当文字较多时，段落文本更易于排版。

以段落文本方式输入的文字，都会包含在文本框内，可以移动、缩放文本框，段落文本一般常用于报纸、杂志、产品说明、企业宣传册等宣传材料中。

要创建段落文本，其具体的操作方法如下：

(1)在工具箱中单击“文本工具”按钮 字 。

(2)将鼠标指针移至绘图区中，按住鼠标左键拖动会显示文本插入符号。

(3)通过键盘在文本框中输入文字，效果如图8-2所示。

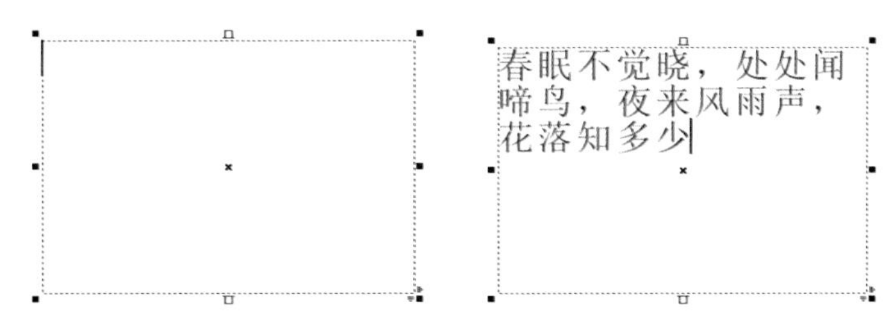

图 8-2 输入段落文本效果

3. 将文本复制到其他页面

使用挑选工具选择编辑好的文本，按“Ctrl+C”键可将所选的文本复制到剪贴板上，然后新建一个图形文件，再按“Ctrl+V”键将剪贴板中的文本粘贴到新的绘图页面中。

4. 转换文本

美术字文本与段落文本的特性不同，但可以相互转换。如果要将段落文本转换为美术字文本，可在选择段落文本后，选择菜单栏中的 文本(X) → 转换为美术字(V) 命令，或按“Ctrl+F8”键，即可将段落文本转换为美术字文本，如图8-3所示；要将美术字文本转换为段落文本，可在选择美术字文本后，选择菜单栏中的 文本(X) → 转换为段落文本(V) 命令即可。

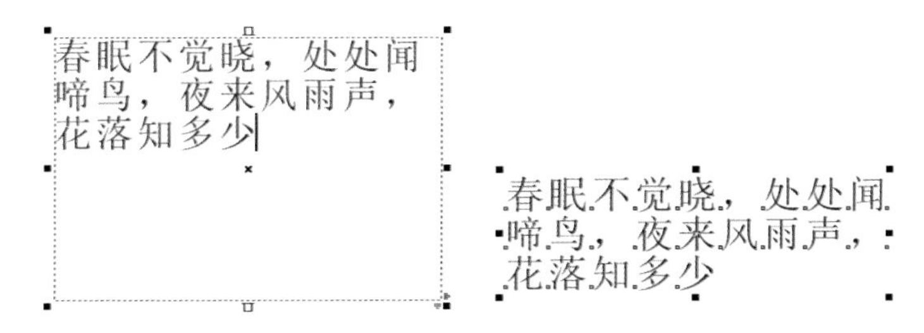

图 8-3 将段落文本转换为美术字文本效果

8.1.2 文本的选择

在CorelDRAW X6中可以使用文本工具、挑选工具、形状工具以及键盘上的“Tab”键来选择文本。

用文本工具选择文本的方式有两种，即选择整个文本或根据需要选择部分文本。选择部分文本时，只需在所要选择的文本处按住鼠标左键拖动，至要选择文本的结束处即可，被选择的文本呈现灰色状态，如图8-4所示。

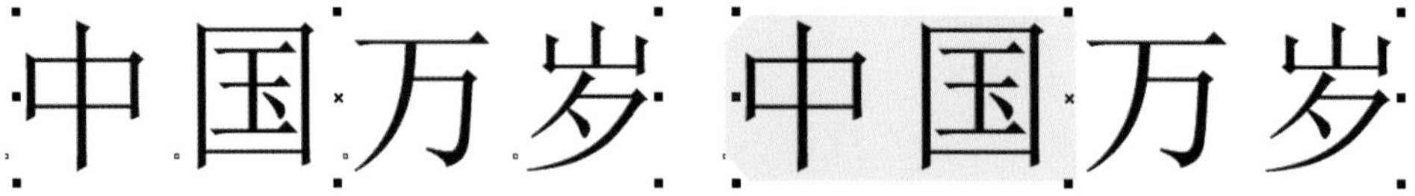

图 8-4 使用文本工具选择部分文本

使用形状工具在文本对象上单击即可选择文本，此时，在每一个字符的左下方将出现一个空心的点，用鼠标单击空心点将会使其变成黑色，表示该字符被选中，这个空心点就是字符的节点，如图8-5所示。

图 8-5 用形状工具选择文本

使用挑选工具在美术字文本或段落文本上单击，即可选择文本，但使用挑选工具只能选择整个文本，而不能对部分文本进行选择。

8.1.3 文本的字体与字号设置

设置美术字文本与段落文本的字体与字号的方法相同，可以通过文本工具属性栏进行设置。

1. 设置文本字体

文字的字体可以在输入文字前设置，也可以在输入文字后设置。在输入文字后设置文本字体的具体操作方法如下：

(1) 使用挑选工具选择需要改变字体的文本。

(2) 在属性栏中的字体 宋体 下拉列表中选择一种字体，即可改变所选文本的字体，如图8-6所示。

图 8-6 改变文本字体

2. 设置文本字号

要设置文本的字号，可在输入文本前或输入文本后，在属性栏中的字号 75.428 pt 下拉列表中选择所需的字号，或直接在此下拉列表框中输入字号值，然后按回车键确认。

文字处于选中状态时，将鼠标指针移至其四角的任意一个控制点上，按住鼠标左键拖动，也可以改变文字的大小。

8.1.4 文本的导入

当需要处理大量文字时，可以在其他文字处理软件中输入文字，然后使用CorelDRAW X6中的导入功能方便、快捷地将输入的文字从其他软件导入使用。

1. 通过剪贴板导入文本

要在CorelDRAW X6中导入文本，可先在Word、WPS等软件中输入文字，然后选择需要的文本，按“Ctrl+C”键复制文本到剪贴板上，在CorelDRAW X6中选择文本工具，在绘图页面中需要输入文字的区域单击，然后按“Ctrl+V”键将剪贴板中的文本粘贴到指定位置，即可完成文本的导入。

2. 通过菜单命令导入文本

选择菜单栏中的文件(F)→导入(I)... 命令，或按“Ctrl+I”键，弹出导入对话框，如图8-7所示。

图 8-7 “导入”对话框

在“导入”对话框中选择需要导入的文本文件，单击 导入 按钮，此时可弹出图8-8所示的对话框。选择需要的导入方式，单击“确定”按钮，在绘图页面中会显示提示光标，按住鼠标左键可拖曳出文本框，导入的文本显示在文本框中，如图8-9所示。如果文本框的大小不合适，可将鼠标指针移至文本框的控制点上，通过拖动来调整文本框的大小。

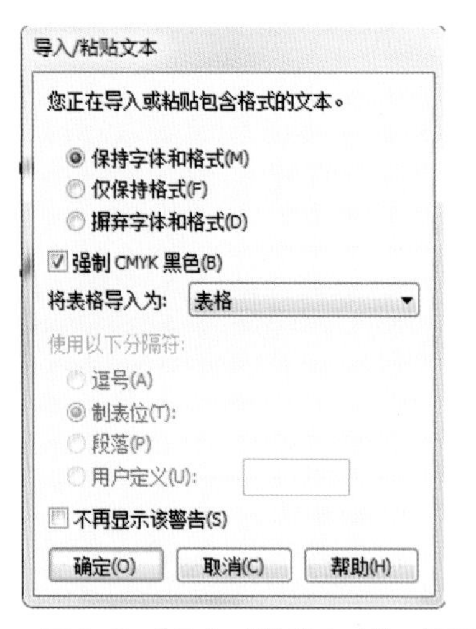

图 8-8 “导入／粘贴文本”对话框

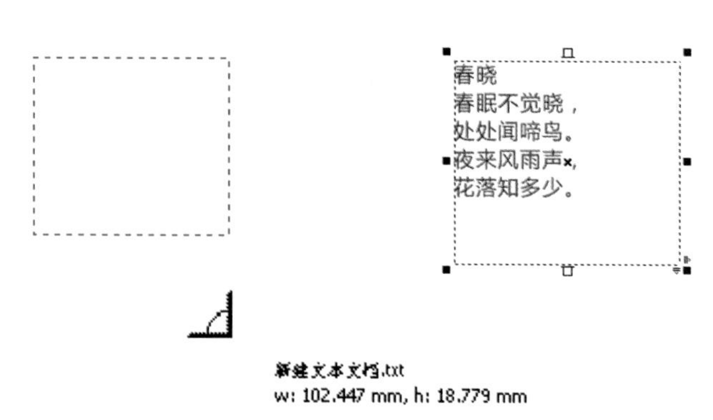

图 8-9 导入文本的过程

8.2 设置文本格式

选择菜单栏中的 文件(F) → 编辑文本(X)... 命令，在弹出的 编辑文本 对话框中可实现对文本的编辑，如图8-10所示。

8.2.1 格式化文本

选择菜单栏中的 文件(F) → 文本属性(P) 命令，打开 文本属性 泊坞窗，在其中显示着设置字符的相关选项参数，如图8-11所示。

8.2.2 对齐文本

单击工具箱中的“水平对齐”按钮，可在其下拉列表中选择对齐方式来实现文本的对齐效果，如图8-12所示。

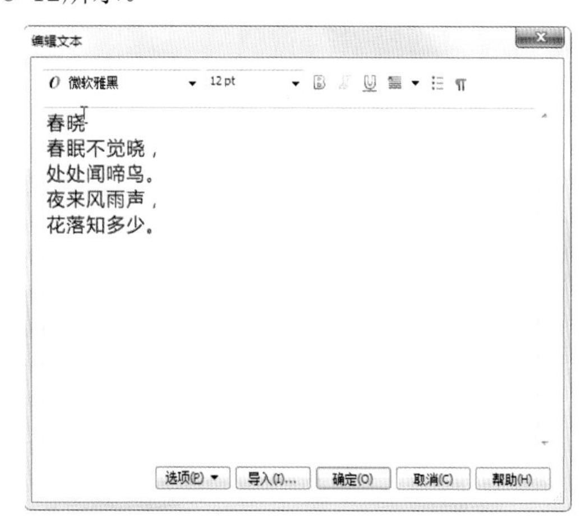

图 8-10 “编辑文本”对话框

图 8-11 “文本属性”泊坞窗

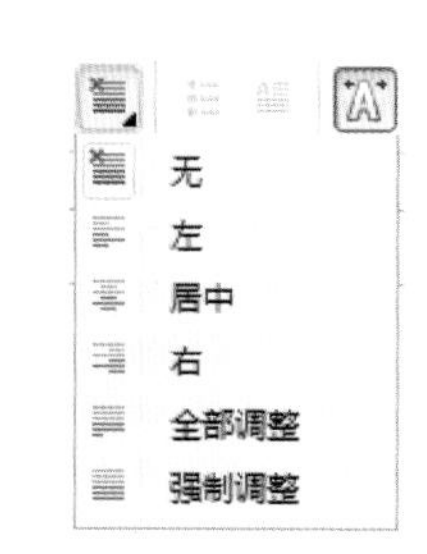

图 8-12 水平对齐下拉列表

单击“无”按钮，文本不产生任何对齐效果。

单击“左”按钮，将使文本向左对齐。

单击“居中”按钮，将使文本居中对齐。

单击“右”按钮，将使文本向右对齐。

单击“全部调整”按钮，将使文本向两端对齐。

单击“强制调整”按钮，将强制文本全部对齐。

8.3 文本的特殊效果处理

在CorelDRAW X6中可对文本进行一些特殊编辑，如使文本适合路径、填入框架和环绕图形等。

8.3.1 使文本适合路径

使文本适合路径的方法如下：

(1)单击工具箱中的“文本工具”按钮 字，在视图窗口中输入文本并使用绘制线条工具绘制曲线，如图8-13所示。

(2)单击工具箱中的“挑选工具”按钮，将所绘制的曲线和输入的文本同时选中。

(3)选择 文件(F) → 使文本适合路径(T) 命令即可使文本适合路径，效果如图8-14所示。

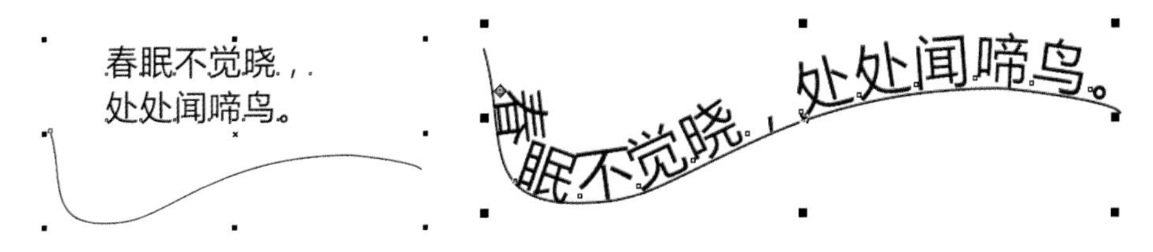

图8-13 输入文字并绘制曲线　　图8-14 文本适合路径效果

(4)当文本适合路径后，其属性栏如图8-15所示。

图8-15 文本适合路径属性栏

(5)在属性栏中的 ABC 下拉列表中可选择文本放置在路径上的方向。

(6)在属性栏中的 **镜像文本:** 区域中单击“水平镜像”按钮，可以从左向右翻转文字字符；单击“垂直镜像”按钮，可从上向下翻转文本字符，其效果如图8-16所示。

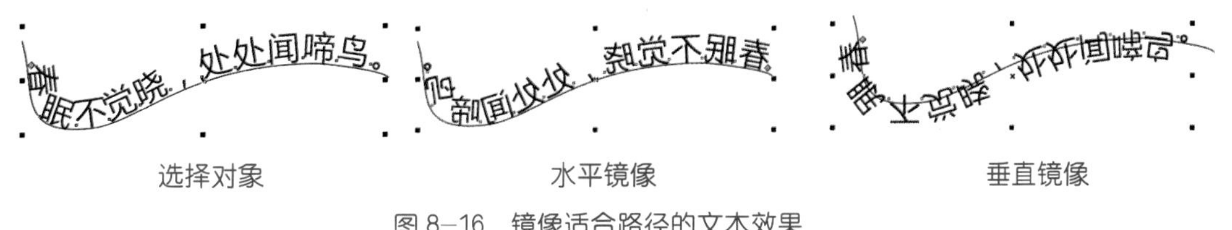

选择对象　　水平镜像　　垂直镜像

图8-16 镜像适合路径的文本效果

(7)在属性栏中的 .675 mm 和 3.806 mm 微调框中输入数值，可调整文本和路径在垂直方向和水平方向上的距离。

(8)CorelDRAW X6将适合路径的文本视为一个对象，如果不需要使文本成为路径的一部分，可以将文本与路径分离，且分离后的文本将保持它适合路径时的形状。使用挑选工具选择路径和适合的文本，选择菜单栏中的 排列(A) → 拆分在一路径上的文本(B) 命令，即可拆分文本与路径，如图8-17所示。

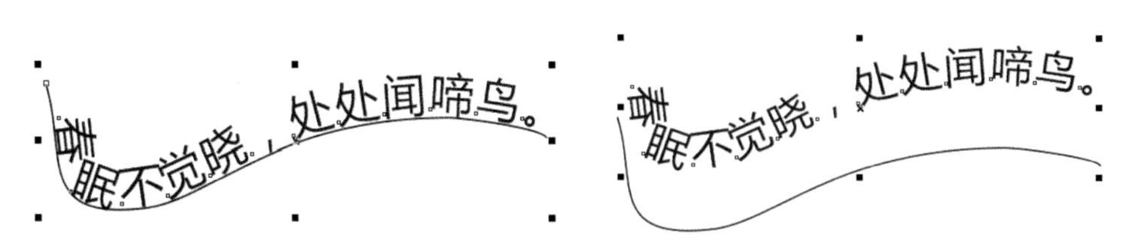

图 8-17　拆分文本与路径的效果

8.3.2　将文本填入框架

将文本填入框架的方法如下：

(1)在视图窗口中创建图形对象，如图8-18所示。

(2)单击工具箱中的“文本工具”按钮 字，将鼠标移动到图形对象内边缘，当光标呈 形状时，单击鼠标可在图形对象内边缘产生一个虚线文本框，并有闪烁的光标，如图8-19所示。

(3)在该虚线文本框中输入需要的文字，如图8-20所示。

(4)选择 排列(A) → 拆分在一路径上的文本(B) 命令，可将图形对象和文本分隔，如图8-21所示。

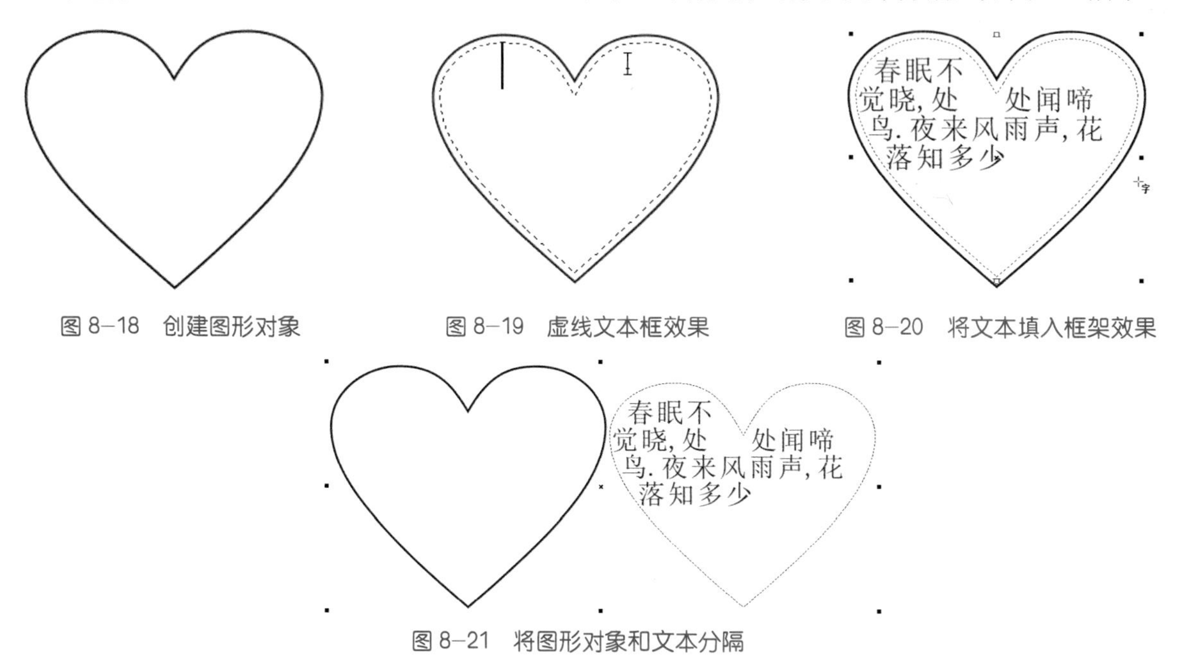

图 8-18　创建图形对象　　图 8-19　虚线文本框效果　　图 8-20　将文本填入框架效果

图 8-21　将图形对象和文本分隔

8.3.3　段落文本环绕图形

段落文本环绕图形是常用的一种文本编排方式，其操作方法如下：

(1)在工具箱中单击“文本工具”按钮 字，然后在绘图页面中创建段落文本。

(2)选择 文件(F) → 打开(O)... 命令打开矢量图，或选择 文件(F) → 导入(I)... 命令导入位图。

(3)选择挑选工具选中图形，单击鼠标右键，在弹出的快捷菜单中选择 段落文本换行(W) 命令，这样段落文本环绕图形的效果就产生了，如图8-22所示。

(5)选择 窗口(W) → 泊坞窗(D) → 对象属性(I) 命令，打开图8-23所示的 对象属性 泊坞窗。单击该泊坞窗中的“摘要”按钮，在其中的“段落文本换行” 轮廓图 - 跨式文本 下拉列表中可以设置段落文本环绕图表的样式。

图 8-22　段落文本环绕图形

图 8-23　“对象属性”泊坞窗

8.3.4　美术文字转换为曲线

前面学习过将图形对象转换为曲线后，可以对其进行曲线的操作，如删除、添加、移动节点等操作，从而实现改变其形状的目的。对于文字，也可以将其转换为曲线，其方法如下：

(1)创建美术文字，并将其选中。

(2)选择 排列(A) → 转换为曲线(V) 命令，可将该文本转换为曲线。

(3)单击工具箱中的“形状工具”按钮，对文字进行编辑，如图8-24所示。

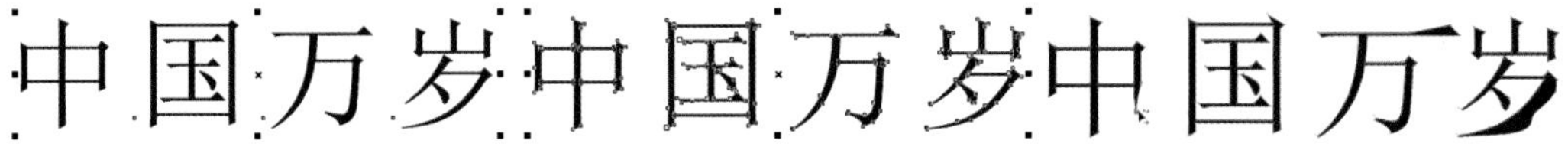

中国万岁中国万岁中国万岁

图 8-24　美术文字转换为曲线

8.4 应用实例——“香港特别行政区徽章”制作

1. 创作目的

绘制香港特别行政区徽章，最终效果如图8-25所示。

2. 创作要点

创作本例时，主要用到文本工具、椭圆形工具、填充工具等。

3. 创作步骤

(1)新建一个图形文件（大小为185mm×185mm），单击工具箱中的“椭圆形工具”按钮，在绘图区中绘制一个正圆形，去掉其填充色，更改外轮廓色为红色。

(2)选中正圆形，按键盘上的“+”号键，在原位置上复制一个一模一样的正圆形，并填充颜色为红色。

(3)选中红色的圆形，按住键盘上的“Shift”键，从右上角往里缩，以圆形为中心等比例缩小，最终效果如图8-26所示。

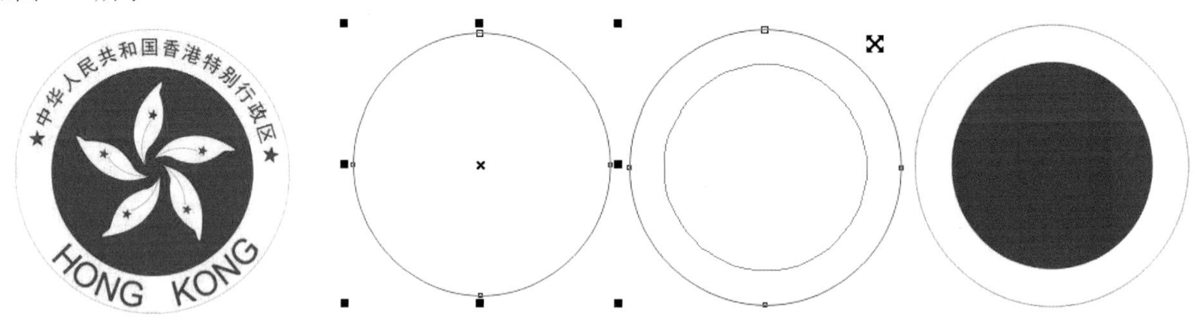

图 8-25　香港特别行政区徽章最终效果图　　图 8-26　复制正圆形并改变其大小及颜色

(4)用贝塞尔工具绘制紫荆花花瓣外形，并填充其颜色为红色。

(5)使用星形工具，设置其属性参数为 5　53，为紫荆花绘制花蕊，调整其位置关系，最终效果如图8-27所示。

图 8-27　绘制紫荆花花瓣

(6)选中绘制的花瓣形态，并将其群组。

(7)选中所绘制的花瓣形态，单击菜单栏中的排列(A)→变换→旋转(R)命令，弹出变换泊坞窗，设置其参数如图8-28所示。

(8)单击“应用”按钮，制作紫荆花形态，最终效果如图8-29所示。

图 8-28　“变换”泊坞窗

图 8-29　紫荆花形态

(9)单击工具箱中的“文本工具”按钮字，输入“★中华人民共和国香港特别行政区★”字样，并设置其颜色为红色。

(10)选中文字，再单击菜单栏中的文本(X)→ 使文本适合路径(T) 命令，指定路径为最红色正圆，调整其位置，最终效果如图8-30所示。

图 8–30　使文本适合路径效果 1

(11)使用同样的方法，输入“HONG KONG”字样，使该文本适应最外层的正圆，如图8-31所示。

图 8–31　使文本适合路径效果 2

(12)单击菜单栏中的“镜像文本”按钮镜像文本:，先水平镜像，再垂直镜像，把文字所有字母调正。

(13)调整“与路径的距离” -3.92 mm 与“偏移” 281.64 mm 数值，使其最终效果如图8-25所示。

第 9 章　CorelDRAW X6 在海报设计中的应用

海报是一种信息传递艺术，是一种大众化的宣传工具，每一张海报本身就是一件高级的艺术品。它具有发布时间短、时效性强、印刷精美、视觉冲击力强、成本低廉、对发布环境的要求较低等特点。其内容必须真实准确，语言要生动并有吸引力，篇幅必须短小，可根据内容需要搭配适当的图案或图画，以增强宣传感染力。

9.1 海报设计概述

海报属于平面媒体的一种，没有音效，只能借形与色来强化传达的信息，所以色彩方面的突显是要点。通常人们看海报的时间很短暂，2～5秒钟便想获知海报的内容，所以适当提高色彩的明视度、应用心理色彩的效果、使用美观与装饰的色彩等都有助于信息的传达，如此才形成了海报的说服、指认、传达信息、审美等功能。

一般来说，海报的设计有如下要求：

(1) 立意要好，能紧扣时代脉搏。

(2) 色彩鲜明，即采用能吸引人们注意的色彩形象。

(3) 构思新颖，要用新的方式和角度去理解问题，创造新的视野、新的观念。

(4) 构图简练，要用最简单的方式说明问题，引起人们的注意。

(5) 海报要重点传达商品的信息，运用色彩的心理效应，强化印象的用色技巧。

总之，优良的海报需要事先预知观赏者的心理反应与感受，才能使传达的内容与观赏者产生共鸣。

海报是以图形和文字为内容，以宣传观念、报道消息或推销产品等为目的的。设计海报时，首先要确定主题，再进行构图，最后使用技术手段制作出海报并充实完善。下面介绍海报创意设计的一般方法。

1. 明确的主题

整幅海报应遵循有鲜明的主题、新颖的构思、生动的表现等创作原则，且能以快速、有效、美观的方式，达到传送信息的目的。任何广告对象都有可能有多种特点，只要抓住一点，表现出来，就必然会形成一种感召力，促使受众对广告对象产生冲动，达到广告的目的。在设计海报时，要对广告对象的特点加以分析，仔细研究，选择具有代表性的特点。

2. 视觉吸引力

首先，针对对象、广告目的，采取正确的视觉形式；其次，正确运用对比的手法；再次，善于掌握不同的新鲜感，重新组合创造；最后，海报的形式与内容应该具有一致性，这样才能使其拥有强大的吸引力。

3. 科学性和艺术性

随着科学技术的进步，海报的表现手段越来越丰富，也使海报设计越来越具有科学性。但是，海报的对象是人，海报是通过艺术手段，按照美的规律去进行创作的，所以，它又不是一门纯粹的科学。海报设计是在广告策划的指导下，用视觉语言传达各类信息的。

4. 灵巧的构思

设计要有灵巧的构思，使作品能够传神达意，这样作品才具有生命力。通过必要的艺术构思，运用恰当的夸张和幽默的手法，揭示产品未发现的优点，明显地表现出为消费者利益着想的意图，从而可以拉近与消费者的距离，获得广告对象的信任。

5. 用语精练

海报的用词造句应力求精练，在语气上应感情化，使文字在广告中真正起到画龙点睛的作用。

6. 构图赏心悦目

海报的外观构图应该让人赏心悦目，形成美好的第一印象。

7. 内容的体现

设计一张海报通常需要掌握文字、图画、色彩及编排等设计原则，标题文字是和海报主题有直接关系的，因此除了使用醒目的字体与设置适当的大小外，文字字数不宜太多，尤其需配合文字的速读性与可读性，关注远看和边走边看的效果。

8. 自由的表现方式

海报里图画的表现方式非常自由，但构思要有创意，才能令观赏者产生共鸣。除了使用插画或摄影的方式之外，画面也可以使用纯粹几何抽象的图形来表现。海报宜采用比较鲜明，并能衬托主题，引人注目的色调。编排虽然没有一定格式，但是必须营造画面的美感，有合乎视觉顺序的动线，因此在版面的编排上应该掌握形式原理，如均衡、比例、韵律、对比、调和等要素，也要注意版面的留白。

9.2 活动宣传海报设计

◎项目背景

宣传海报的宣传对象通常为某种商品或者某种服务，其宣传目的为在短期内迅速提高销售量，创造经济效益。宣传海报在设计上要求客观准确，通常采取写实的表现手法，并突出商品的显著特征，以激发消费者的购买欲望。

◎项目任务

完成活动宣传海报的设计。

◎项目分析

宣传海报是以张贴或者散发的形式表现的，属于一种印刷品广告，所以设计出的作品需要有相当大的号召力与艺术感染力，最好能够调动形象、色彩、构图、形式等因素形成强烈的视觉效果，它的画面应有较强的视觉中心，应力求新颖、单纯，还必须具有独特的艺术风格和设计特点。

◎色彩应用

本实例以热情似火的红色为主题色进行设计，与同色系进行搭配，让人感觉温暖、舒适，能够抓住人们的视线，而位于中间的渐变文字与周边的花纹、光束进行搭配，营造出一种美妙的感觉，直接将主题演绎出来，给人留下深刻的印象。

图 9-1　活动宣传海报最终效果图

◎设计构思

本实例设计制作的是一个以魅力变身为主题的时尚宣传海报，以突出该公司的活动为主，在该设计中所有的图形和文字内容都是围绕活动主题进行制作的，目的在于扩大活动的影响力，以吸引更多的参与者，最终效果如图9-1所示。

◎技能分析

(1)交互式渐变填充。

交互式渐变填充是为对象应用渐变式填充的最快捷的方式，使用它能够以系统默认的颜色（从黑色到白色）逐渐过渡，或者进一步改变渐变的颜色、方向等。使用该工具时与属性栏进行结合，可以更精确地控制渐变，如填充类型、透明度操作、渐变角度与渐变目标等，如图9-2所示。

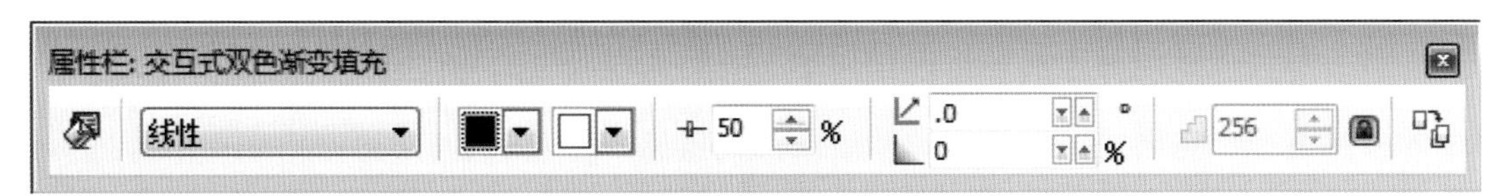

图 9-2　交互式渐变填充工具属性栏

(2)将轮廓转换为对象。

轮廓线只能改变颜色、大小和样式，只有将其转换为图形对象后才可以进行更多的编辑。将需要转换的对象选中，执行“排列”→“将轮廓转换为对象”命令，即可将轮廓线转换为对象，转换后可以对图形对象进行移动，添加、删除节点等操作，如图9-3所示。

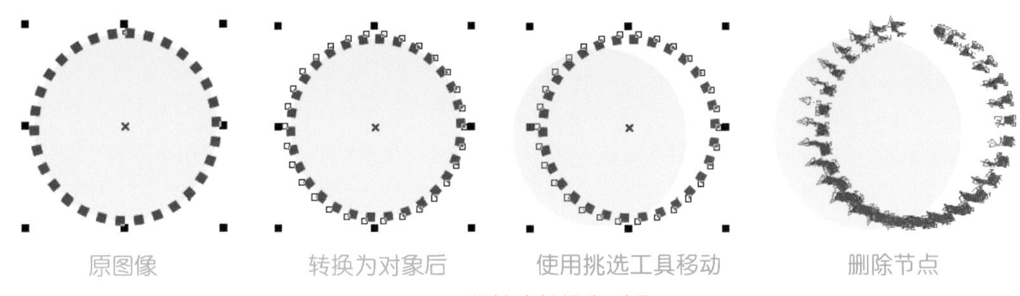

图 9-3 将轮廓转换为对象

◎制作步骤

(1)执行“文件”→“新建”命令，新建文档，在属性栏上设置参数如图9-4所示。执行“视图”→“标尺”命令，打开标尺，拖出辅助线，如图9-5所示。

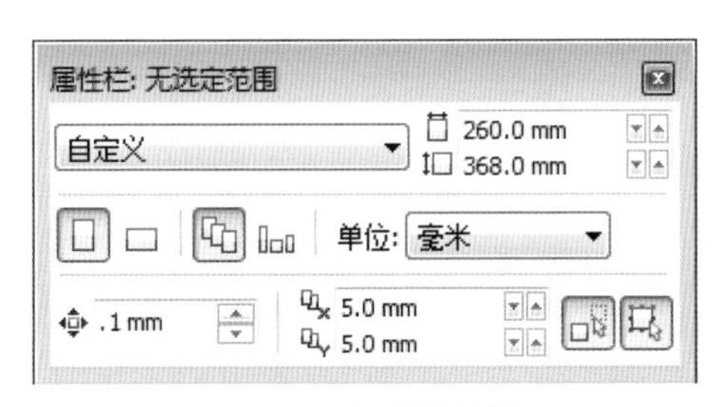

图 9-4 设置属性栏

图 9-5 拖出辅助线

(2)单击工具箱中的“矩形工具”按钮，在画布中绘制矩形，单击工具箱中的“填充”按钮，在弹出的下拉菜单中选择“渐变填充”选项，弹出“渐变填充”对话框，设置如图9-6所示。将轮廓颜色设置为无，单击工具箱中的“交互式填充”按钮，对渐变颜色进行调整，效果如图9-7所示。

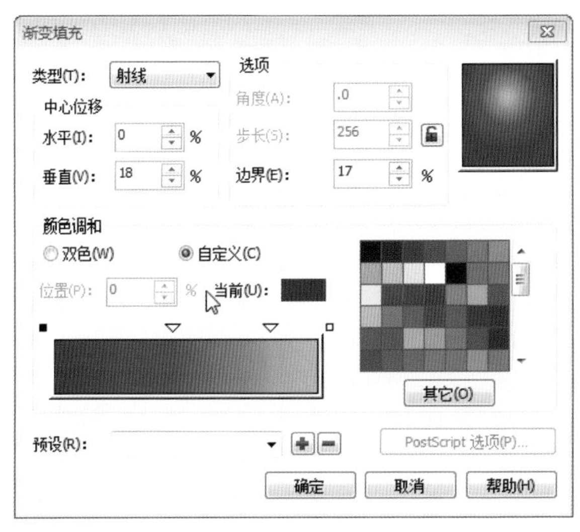

图 9-6 设置渐变颜色

图 9-7 调整渐变颜色

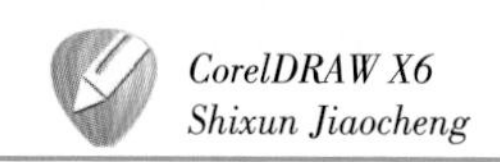

注意

经验提示：

在此填充的渐变色从左至右依次为CMYK（9，100，100，27）、CMYK（0，100，100，0）、CMYK（0，40，99，0）、CMYK（0，27，99，0）。

(3)执行“文件”→“导入”命令，导入素材文件“光盘\源文件\第九章\素材\901.ai”，调整相应的位置，如图9-8所示。保持刚刚导入的素材为选中状态，执行“效果”→“图框精确裁剪”→“放置在容器中”命令，将光标移至需要放置图形的背景上，如图9-9所示。

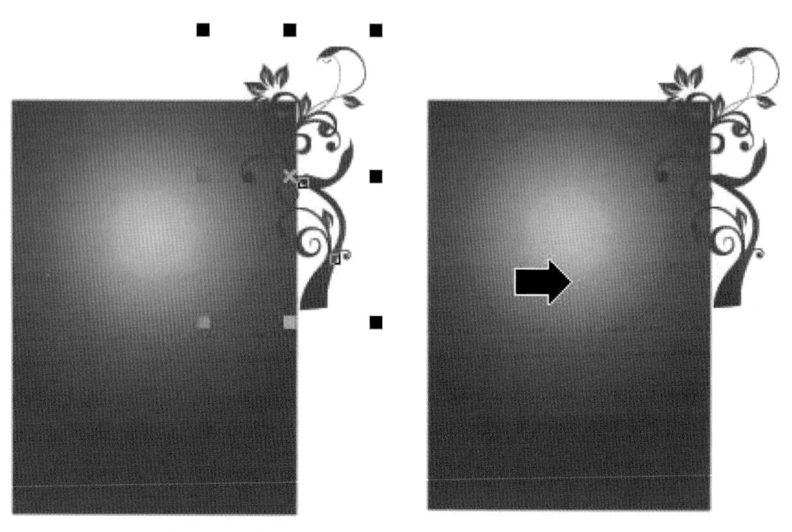

图 9-8　导入素材并调整位置　　图 9-9　将图形放置在容器中

(4)单击鼠标，即可将图形放置在背景图形上，如图9-10所示。执行“效果”→“图框精确裁剪”→“编辑内容”命令，对图形位置进行调整，如图9-11所示。单击并拖动刚才的素材至合适位置，单击鼠标右键复制出新的图形，效果如图9-12所示。

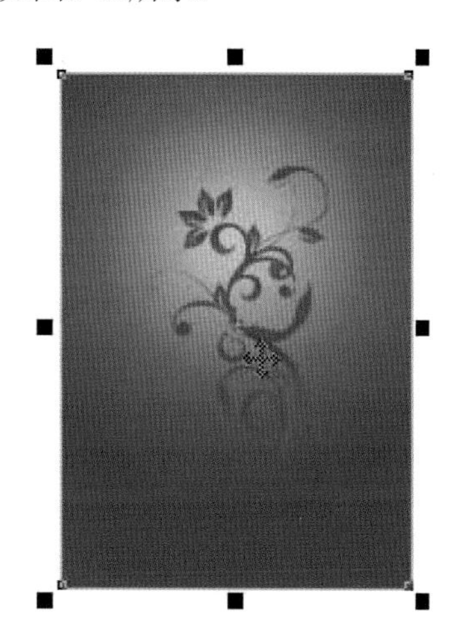

图 9-10　将图形放置到背景图形上的效果

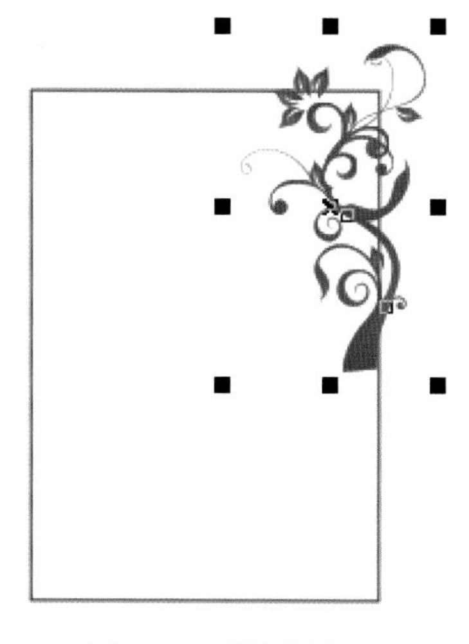

图 9-11　调整位置

图 9-12　复制图形

(5)使用相同的方法，可以复制出其他花纹效果，如图9-13所示。保持右下角花纹的选中状态，单击属性栏上的“水平镜像”按钮，将图形水平翻转并调整位置，效果如图9-14所示。

(6)使用相同的方法，可以完成相似的内容制作，如图9-15所示。

图9-13 复制多个图形

图9-14 水平翻转

图9-15 制作图形效果

(7)执行“效果”→“图框精确裁剪”→“结束编辑”命令，效果如图9-16所示。

(8)单击工具箱中的“多边形工具”按钮，在属性栏上设置“边数”为3，在画布中绘制图形，设置“填充”为白色，“轮廓”为无，效果如图9-17所示。单击工具箱中的“交互式透明工具”按钮，为刚刚绘制的图形应用透明渐变，效果如图9-18所示。

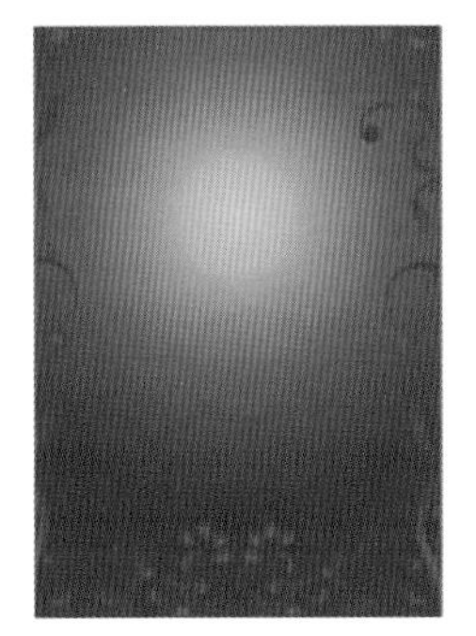

图9-16 结束编辑后的效果

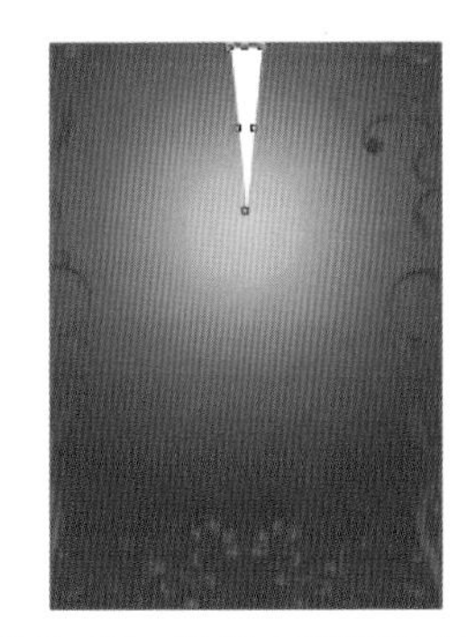

图9-17 绘制三角形并设置

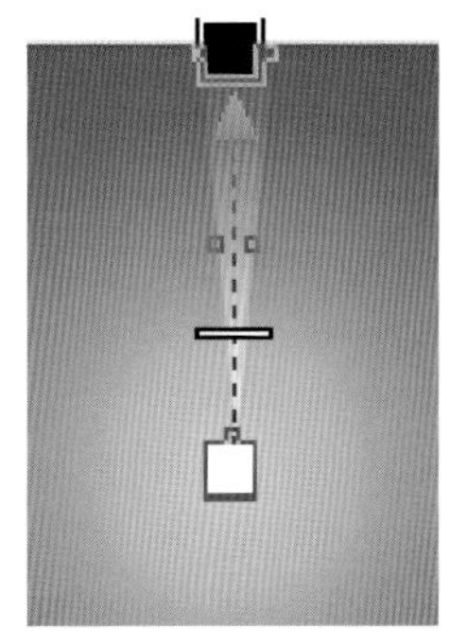

图9-18 应用透明渐变效果

(9)保持图形为当前选中状态，执行“排列”→“变换”→“旋转”命令，打开“变换”泊坞窗，设置如图9-19所示，单击“应用到再制”按钮，效果如图9-20所示。多次单击该按钮，直到满一圈为止，效果如图9-21所示。

图9-19 “变换”泊坞窗

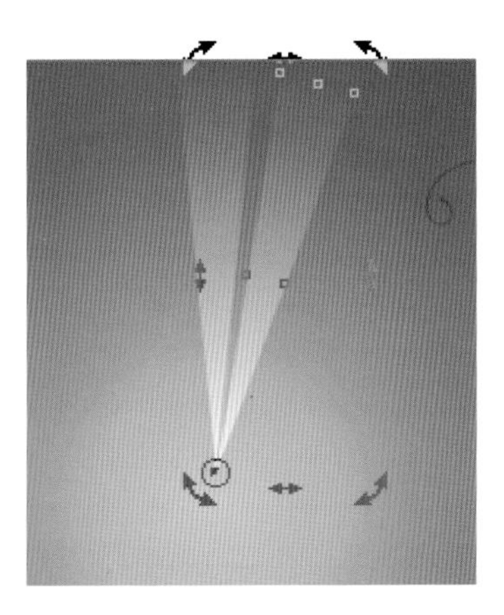

图9-20 变换效果(1)

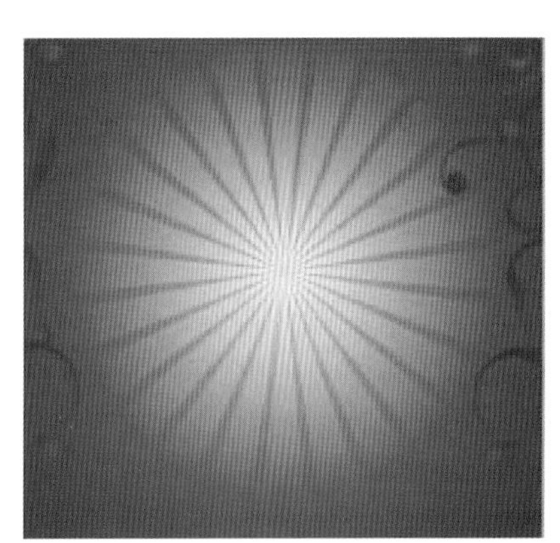

图9-21 变换效果(2)

经验提示：

为了方便后面的操作，可以在此处按住“Shift”键单击并选中此处的所有三角图层，按快捷键“Ctrl+G”进行群组。

(10)单击工具箱中的“椭圆形工具”按钮 ,设置“填充”为CMYK(4，9，29，0)，轮廓颜色为“无”，在画布中绘制椭圆形，如图9-22所示。执行“位图”→“转换为位图”命令，弹出“转换为位图”对话框，设置如图9-23所示。

经验提示：

如果想为图形应用滤镜，就必须先将其转换为位图。

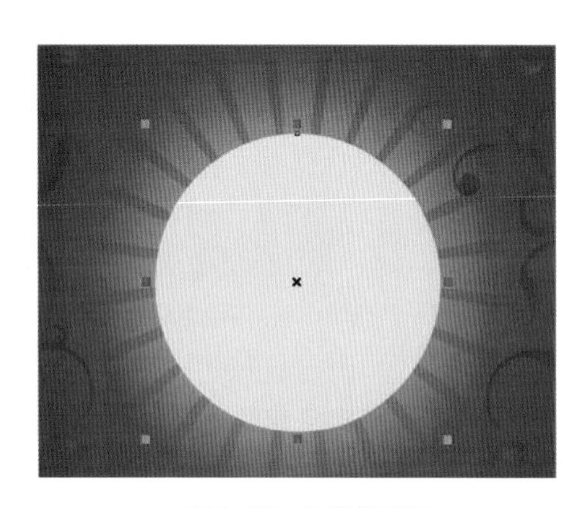

图 9-22　绘制椭圆形

图 9-23　“转换为位图”对话框

(11)单击“确定”按钮，将当前图形转换为位置，执行“位图”→“模糊”→“高斯式模糊”命令，弹出“高斯式模糊”对话框，设置如图9-24所示。单击“确定”按钮，效果如图9-25所示。

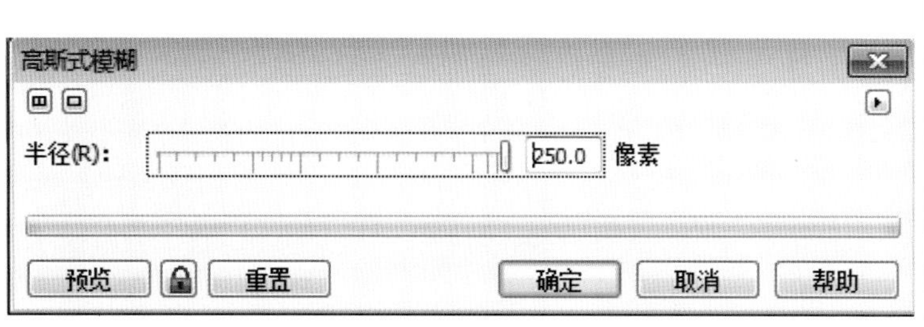

图 9-24　“高斯式模糊”对话框

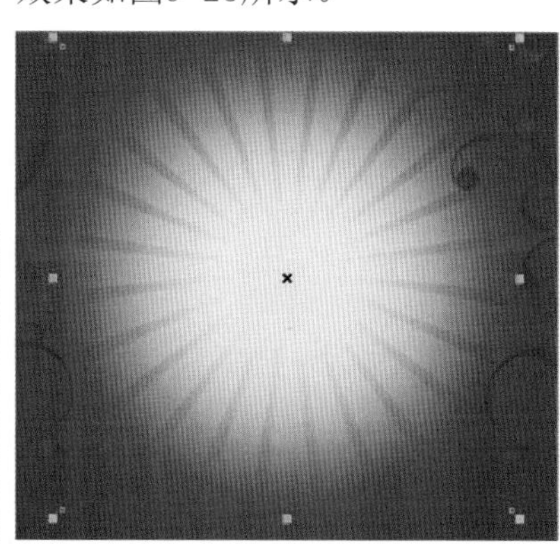

图 9-25　模糊效果

(12) 导入素材902.ai到当前设计文档中，调整相应位置及大小，如图9-26所示。单击工具箱中的“交互式阴影工具”按钮，在画布中拖动以添加阴影，在属性栏上进行相应的设置，如图9-27所示，效果如图9-28所示。

图 9-26　导入素材 902.ai

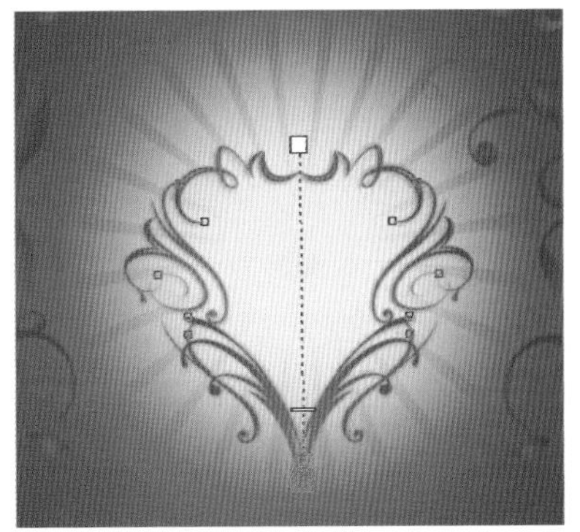

图 9-28　添加阴影效果

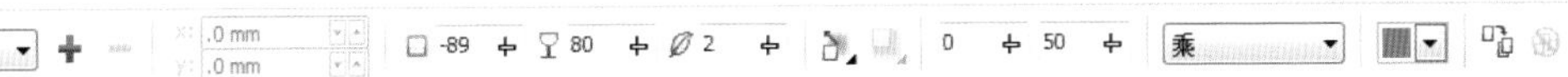

图 9-27　设置阴影参数

(13) 使用相同的方法，导入其他相应的素材并完成相应的制作，效果如图9-29所示。单击工具箱中的“文本工具”按钮，在画布中单击并输入文字，执行“文本”→“字符格式化”命令，打开“字符格式化”泊坞窗，设置如图9-30所示，效果如图9-31所示。

图 9-29　导入其他素材

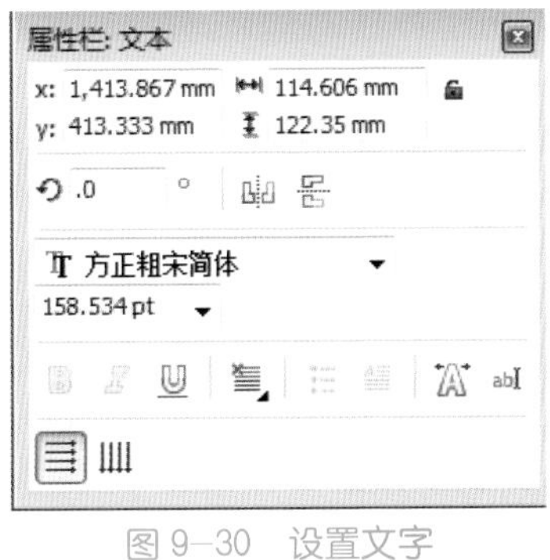

图 9-30　设置文字

图 9-31　文字效果

(14) 拖动光标将所输入的文字全部选中，在“字符格式化”泊坞窗中调整字距，如图9-32所示。在第二行前输入适当的空格，执行“文本”→“段落格式化”命令，打开“段落格式化”泊坞窗，设置如图9-33所示，效果如图9-34所示。

图 9-32　设置字距

图 9-33　设置行间距

图 9-34　调整字距和行间距后的文字效果

(15)单击工具箱中的“挑选工具”按钮，在文字下侧与右侧边缘进行拖动调整，效果如图9-35所示。选中刚刚创建的文字，执行“排列”→“创建为曲线”命令，单击工具箱中的“填充”按钮，在弹出的下拉菜单中选择“渐变填充”选项，弹出“渐变填充”对话框，设置如图9-36所示。

经验提示：

在此填充的渐变色从左至右依次为CMYK(30, 100, 50, 50)、CMYK(25, 100, 50, 10)、CMYK(0, 100, 0, 0)、CMYK(0, 20, 0, 0)、CMYK(0, 100, 50, 0)、CMYK(0, 10, 0, 0)。

(16)单击“确定”按钮，完成渐变的设计，文字效果如图9-37所示。

图 9-35　调整文字

图 9-36　设置渐变填充

图 9-37　应用渐变效果

(17)保持文字的选中状态，按“F12”键弹出“轮廓笔”对话框，设置如图9-38所示。

(18)单击“确定”按钮，完成“轮廓笔”对话框的设置，效果如图9-39所示。

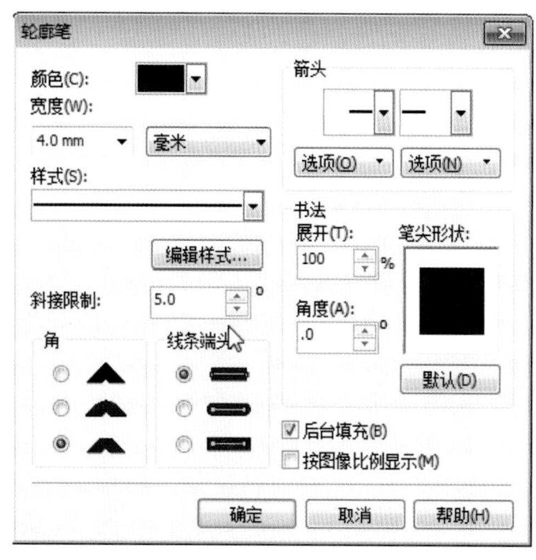

图 9-38　设置轮廓笔参数

图 9-39　轮廓设置后的效果

(19)执行“排列”→“将轮廓转换为对象”命令，为轮廓设置渐变颜色，“渐变填充”对话框如图9-40所示，效果如图9-41所示。

经验提示：

在此填充的渐变色从左至右依次为CMYK(0, 20, 0, 0)、CMYK(0, 0, 0, 0)、CMYK(0, 15, 0, 0)、CMYK(0, 0, 0, 0)。

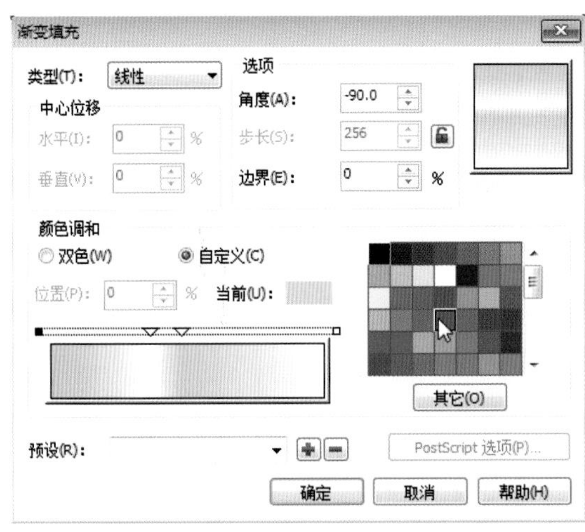

图9-40 设置渐变填充参数

图9-41 文字渐变填充效果

(20)使用挑选工具选中最前方的文字向外拖动，单击右键复制一层，将原文字层“填充”设置为CMYK（50，100，20，30），效果如图9-42所示，将复制得到的渐变文字移至原文字层上，在位置上进行细微调整，效果如图9-43所示。

图9-42 画布填充效果

图9-43 调整文字位置效果

经验提示：

单一文字效果在制作上很难满足视觉效果，所以在这里将文字制作放一层并填充纯色，将原文字与填充后的文字进行细微交错叠加。

(21)使用相同的制作方法，可以得到相似的内容，效果如图9-44所示。单击选中文字上方的铃铛，执行“排列”→“顺序”→“到页面前面”命令，效果如9-45所示。

(22)使用相同的方法，导入素材904.tif到当前文档中，完成相似的制作，效果如图9-46所示。单击工具箱中的“贝塞尔工具”按钮，在画布中绘制路径并设置“填充”为CMYK(0，87，43，30)，效果如图9-47所示。

图 9-44　文字效果

图 9-45　调整铃铛顺序

图 9-46　导入新素材时的画布效果

图 9-47　绘制路径并填充

(23)使用相同的方法，可以完成相似的图形绘制，效果如图9-48所示。使用“文本工具”完成该部分的文字制作，效果如图9-49所示。

图 9-48　图形效果

图 9-49　文字效果

(24)使用相同的方法，进行其他文字部分的设计，效果如图9-50所示。

(25)调整整体效果，最终效果如图9-1所示。

图9-50 画布效果

◎项目小结

本实例主要讲解了宣传海报的设计制作方法。读者首先要明白宣传的目的，再进行设计。在本实例的制作过程中背景以红色为主调，体现了神秘的气氛，温馨又不失个性。

在制作海报的过程中应该注意以下几点：

(1)宣传海报的设计要素。

(2)海报的创意。

(3)海报的主题及体现方式。

(4)海报的艺术表现力。

9.3 体验活动——公益海报设计

◎项目背景

完成了前面活动宣传海报的实例制作后，下面将练习制作一张公益海报。该海报的制作过程虽然简单但富有深意，采用简单的布局体现了海报的主题，读者在制作的过程中可以加入自己的创意和构思，制作有深意且精美的海报。

◎项目任务

完成公益海报的设计制作。

◎制作步骤

根据活动宣传海报的设计制作方法，完成公益海报的制作。制作步骤如图9-51至图9-54所示。

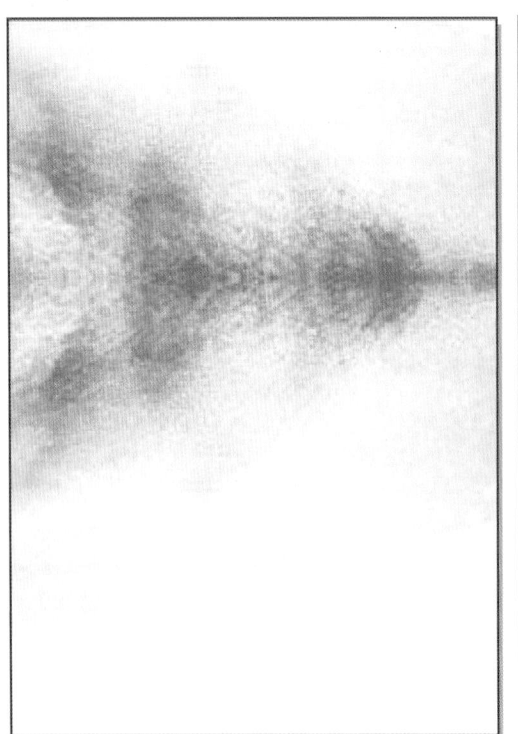

图 9-51　步骤 1

图 9-52　步骤 2

图 9-53　步骤 3

图 9-54　步骤 4